U0048514

不是我人脈廣，只是我對人好

從利己到利他，
吳家德的人脈學，
幫助你一輩子受用無窮

吳家德

獻給
心淳師父
張玉和老師
黃勝鐘老師

目次

〔推薦序〕

〔自序〕

輯一・認識自己

輯二・從陌生人到朋友

輯三・熟門熟路的人脈圈子

推薦序／

共好與共享——吳家德的人脈學

羅紹和／安得烈慈善協會執行長

我的好朋友吳家德先生要出版第四本書了，書名為《不是我人脈廣，只是我對人好——從利己到利他，吳家德的人脈學，幫助你一輩子受用無窮》，內容在於分享他人脈經營的觀念和經驗。我為他感到高興，當他請我為之著序時，我一反平時低調的作風，很灑脫的答應了，但是我事後還是為自己爽快的答應寫序而感到後悔，因為我覺得自己非社會賢達，亦非博學之士，迄今連一本書都沒有出版過，卻要為一位暢銷作家寫序，我實在是自不量力了。

事實上，我和吳家德先生結緣為友才兩年多的時間，這也是我在序文起頭不稱呼他「老朋友」的原因。既不是「老朋友」，卻能成「好朋友」？這是什麼邏輯呢？我認為是他具備以下的人格特質，讓他容易交到朋友，讓他具有良好的人脈關係，也讓他有好人緣，並且成為別人心目中的「好朋友」。

第一，他是一個「真誠、熱情」的人。

我和他結緣的緣起，是在二〇一八年十二月二日，我的 Messenger 上出現一則陌生訊息，打開一看，是當時迷客夏副總經理吳家德先生傳來的訊息，他表示，很認同我從事社會公益，希望迷客夏能與安得烈慈善協會深化合作關係，關懷台灣的弱勢家庭兒童，他同時邀我見面。我稍遲延之後答應了他，但是我常常跑偏鄉探望案家，而他的工作也很忙碌，當我覺得二人見面似乎遙遙無期時，他依然熱情不減。有一天上午，我在辦公室又接到他的電話，他說剛好上台北洽公，問我會在哪裡？我說，我上午在新莊，稍後會到台北一趟，下午就要到外縣市探望案家。他馬上很熱情地問我，可不可以和我約在板橋車站見面？然後坐我的車一起到台北？對他突來的期盼，我心裡有些抗拒，但最後還是答應了他，心裡想，這個人真是滿腔熱情且意志堅定啊！那天上午，我們第一次見面，他坐上我的老爺車之後，從板橋一路聊到台北，聊到意猶未盡，聊到讓他捨不得下車。我想，我們的個性頗有差距，他如果沒有「真誠、熱情」的特質，或許我們永遠不可能成為好朋友。所以，人脈關係的經營和維繫，絕對不是坐著等就會產生的，更需要有主動、積極的態度，並且具備真誠與熱情的心。

第二，他是一個「善良、開朗」的人。

一般人通常會將「善良」與「敦厚、木訥」聯想在一起，或將「開朗」與「活潑外向、能言善道、巧於搭訕」畫上等號，因此很難想像一個人同時具備「善良、開朗」的特質。然而認識吳家德先生或是聽過他演講的人都知道，他不但是一個心地善良、樂於助人、願意分享的人，他更是一個口才便給、反應敏捷、很容易和陌生人天南地北的聊天，並且很快熟識起來的人。開朗並不一定代表「外向」，「外向、能言善道」也不是人脈經營的重點。開朗的人，心情常保愉快，和別人總有聊不完的話題，但他們也會留意分寸，讓別人也有表達意見的機會。吳家德先生每天都是開開心心的過日子，臉上永遠帶著笑容，與他相聚在一起，心情就會不由自主的變得愉快；而他樂觀的態度在不自覺中就會感染到身旁的人，因此，大家樂於和他接近。

吳家德曾經說過：「人脈的最終目的是利他。」我非常認同這句話，和他相識二年多來，看他經營人脈、廣結善緣，都是在做有益於社會弱勢族群的事情，他曾經為多個社福機構募款，用心付出，從來沒有看到他是為自己的名利。因為他的人緣好，大家信任他，因此，每次募款都能很快的達成目標。

我從年輕到即將進入耳順之年，看過許多人起起落落，當中有不少人的人脈關係看似不錯，但都是建立在現實利益上，因此經不起考驗與挑戰。然而吳家德先生的人脈關係是建立在「共好、共享」的原則上，他因為無私，並且心存善念，因此讓更多人願意與他為友。

他的書沒有深奧的學理，完全是他在生活、工作中的經驗和感受，內容淺顯易懂，讓人讀來格外有收穫。

推薦序／

最大化你的人脈資產

陳立恆／法藍瓷總裁

相信凡是認識家德的人，一定會對他所展現出的溫暖與熱情印象深刻。

我自認走過許多地方、看過許多風景，卻很少遇到一個人對「人」有這麼強烈的好奇、尊重與善意，在他眼中，每一件你我看來稀鬆平常的人情世故，彷彿都充滿了生活趣味與開發潛力，過去家德已經寫下許多啟迪人心的職場修煉與人際關係的分享，而這一次，他再將自己的人生歷練傾囊相授給年輕世代。

作為職場與商場的過來之人，我非常欣賞家德對於廣結善緣的洞察與毅力，一個超越自己的人往往不是最有才情，而是最懂得建立自己的人脈網路，再通過人脈網路去實現更遠大的自我價值，梵谷與畢卡索兩人截然相反的人生軌跡就是廣結善緣最好的例證之一，同時，這本書也讓我想起年輕創業的時候，那些敢於任事、陌生拜訪、寫信拓客的悠悠過往，如果不是當初什麼人都想認識、什麼事都想嘗試的勇氣與鍛鍊，恐怕我今天也無法擁有我所擁有的十之一二。

此外，我也非常贊同家德的觀點：「人脈是世間最寶貴的資產」，這句看似浮濫的陳年老調人人知道，卻很少能夠真正將自己身邊的人脈價值做出最大化的盤整與應用，舉例來說，他認為：「業務不是只做業務的工作，還要做許多人際關係的事，才能將業務做到登峰造極。」並且在書中羅列很多實用的生活場景，告訴讀者們如何透過創造利他的附加價值，積累利己的人脈資產，一如稻盛和夫的六項精進原則裡提出的「積善行，思利他」，雖然說的輕巧容易，大家做起來卻常因為自私、急躁或是大意，而錯失了種種利他利己的微妙契機。

所以我時刻警惕自己留意利他的機會，因為一路走來，我也是利他思維的受益者，在我成長與創業的過程中，許多雙溫暖提攜的手，遞來一紙借據、寄來一張訂單，都曾經帶領我走過崎嶇困惑，是而後來我堅信任何賺錢的生意除了誠實正直，也需要雙贏分享才能長久穩固，當我們站在時代風口上的那個黃金歲月，我一直關注不同的新創公司，給他們機會，陪他們走一段創業彎路，另外，每年公司賺進的利潤都會充分展現在每個員工的回饋裡，也許比不上今天科技產業的股票年終，卻也讓大部分員工無論陽光風雨都願意與我同行。

時代在前行、科技在進步，然而就算現代人類能夠通過電腦手機與網路完成生活中大部分的事物，但永遠改變不了人類需要共享與協作才能上天入地、移山填海的物種本質，所以無論您在人生中的哪個階段，都需要最大化您的人脈資產，所以推薦您看看這本家德的新作《不是我人脈廣、只是我對人好》，相信本書能夠帶給您不只物質上、也是心靈上的附加價值。

推薦序／

你過去理解的人脈學，可能有一半是錯的！而且你還不知道是哪一半！

楊斯棓／醫師，年度暢銷書《人生路引》作者

家德兄以其成長過程及工作經驗針對「人脈學」寫了一本我定調為「人脈新解」的好書。我和他在短時間內從認識到友誼增溫，讀畢此書後我恍然大悟，原來許多處世準則，我倆有一致的堅定信念。

對於人脈一詞，你充滿誤解，還是真確理解？

許多人誤解人脈一詞，如果他們真確理解何謂「經營人脈」，一生將大大不同，他會活得更輕鬆，更少抱怨，自己更有成就，也成就更多人。

如果你用功利之秤看待人脈一詞，用負面眼光看待「經營人脈」，可能是因為長年被身邊的夥伴或長輩嚴重誤導。

有一位和我有幾年交情的編輯轉了我的臉書文，我提及市面上九成書籍連一刷都賣不完，我提出一個理論：賣掉一刷書根本不難，如果你有十個朋友，每個人都買一百本書，很快就可以賣完一刷書。

有一位我不認識的作者似乎帶點不認同的口吻回了一句：「那不是就是靠人脈。」

舉例或遣詞用字都會不經意透露你的核心價值跟文化素養，上述那位朋友似乎是用功利之眼跟負面觀點來解讀人脈一詞。

他一定會寫人脈兩字，說不定他看到別人行文提及人脈一詞，也以為自己一定百分之百理解。

人脈，任何一個人都可以從零開始逐步累積。我不談小圈圈，我不談裙帶關係，我不談學閥派閥！

誤解人脈一詞的人，總以為攀附權勢，就會壯大自己的人脈，藉此人脈獲得本來引頸企盼的好處或位置。誤解人脈之人其人生劇場比較容易上演：人走茶涼，或台諺說「人在人情在，人亡人情亡」的戲碼。

試想，若曹興誠出席某個場合，你明明不認識他，卻擠到一個離他很近的地方然後用誇張或做作的表情自拍，日後在公開場合刻意秀出這張曹興誠眼睛根本沒看鏡頭但你強調自己有入鏡的照片，你覺得人家會笑還是會佩服你。這種搞法，曹興誠有變成你的人脈嗎？

人脈到底是什麼？你有覺察彼此之間的流動是順流還是逆流嗎？

人脈比較像你過去與人每個互動或活動因而締結的善緣，所有善緣都會登載在一本看不到卻存在的存摺，如果長期穩定結善緣，複利的速度還會加快。台諺說：「討人情，就沒人情」，這提醒我們，不要老是急著「兌現」這本存摺裡的東西。討人情就是一種「兌現」，對身旁的人動輒情感綁架，或發動「不樂之捐」也是一種「兌現」。

明明存摺裡有可觀累積，從來都不去想著「兌現」的人，有一天當他有需要時，別人就會蜂擁「兌現」給他。

人際之間的順流逆流，初出社會時，我們可能相對鈍感。

二十年前我北上參加活動，一位承辦人員遞給我一瓶酒精，請我去角落噴灑，一開始我覺得有點莫名其妙，總想說是長輩，不多計較，後來我發現把別人當工讀生使喚是他的日常，不體貼別人遠道而來的舟車勞頓，不珍惜別人提前報名準時赴會，若勉強自己與這種人往來，就是放任逆流擾動身心。

家德兄有一次發臉書文獲千讚，關鍵句是：「多認識你感覺舒服的人。」我說的順流，就是他講的：「感覺舒服」。

我曾忍耐讓我不舒服的人多時，亦曾不慎讓賞識我的前輩感到不快。

多年前曾有一位演奏家本來與我互動良好，有一次他受邀在一個正式場合表演，他特意為我留了席位，我欣然應允。很不巧，那時我跟家母關係處於谷底。家中繁瑣的俗事讓我分身乏術沒有赴約，我也沒有事先打電話或傳簡訊告知，結果和這位朋友就此失聯。殊為可惜，錯都在我。論及人與人的往來，我的失禮，對他是逆流，他與我停止來往，是一個完全正確的選擇。

此後，我記取教訓，盡量多照顧別人的感覺，傾聽別人的需求，直到每次心力交瘁時，我才不斷調整人與人之間互動的節奏與頻率。

譬如曾有人拜託我寫推薦序，結果成書之後，那篇序在書中卻遍尋不著。考量與師問罪不但耗費時間也討不回公道，我只能放棄與此公往來。

「十個朋友，每個人都買一百本書」的都市傳說

試想，「十個朋友，每個人都買一百本書」的故事怎麼發生，最會使你感動？

我不揣測那些我不認同、不鼓勵的發生路徑。這件事的發生，應該是過去你早已廣結善緣，幫了很多人忙，而你幫忙的價值，也許還超過一百本書的售價。當你出書時，你結下的善緣有十個人在很自然的情況下得知這件事（所謂「自然」可能是他看到書店海報、聽別人說或看你臉書而知，而相對「不自然」的路徑則是交情不夠深你卻傳訊告知對方，這時對方就有壓力去讀去回），他們經濟狀況又許可，所以買書挺你，這股流動，謂之順流。這十股力量，沒有一絲不甘願。他們的狀態是很興奮地想把你的書分享給他們生活圈中所重視的人。

一個人如果結交十位這樣的朋友，一刷很快售罄；如果這樣的朋友達上百位，十刷也指日可待，若加上因此泛起的漣漪，最後這本書的刷次將遠遠超過十刷。

所以我打趣說，若賣不掉第一刷的書，可能不是書寫不好，而是不懂如何交朋友。

厲害的人，買早餐、寄掛號信、搭 uber、搭高鐵、去上課，無處不能交朋友，家德兄就是這樣一個人，書中都不藏私跟你分享。

而交朋友的下一步，就是跟其中特別合得來的人深焙友情。

家德兄說「人脈是世間最寶貴的資產」，如果你有這層體認，你就知道 credit 很重要。

Credit card 有形，而信用卡額度是往來銀行評估你的固定收入跟資產後所決定。

Credit 無形，但每個往來的朋友彼此心照不宣，時間久了，大家都知道誰是 a man without credit，而誰又是 a man of honor。

最後，順著家德兄「把別人的事當自己的事」的處世哲學，我想分享我跟作家藍麗娟深焙的故事。

二〇一四年時，我的作家朋友人資界一姊林娟博士為了鼓勵我在環球演講的行動，奔走取得中研院院士陳定信的簽名書，該書《堅定信念》的作者是知名傳記作家藍麗娟。

兩年後，麗娟姊完成另一部巨著《李遠哲傳》，她邀請我在新書發表會那天致詞，我欣然赴約。當她知道我為了這個活動休診一天專程北上，她激動得快掉下眼淚。

今年麗娟姊又完成一本磅礴大作《為前進而戰——盧修一的國會身影》，這回我受到更重大的託付：為之作序。該書七百頁，我花了半個月才看完，又花了半個月書寫。麗娟姊跟盧前輩的家人讀了之後，都感動不已。

我絕不會失禮的說我的人脈裡有藍麗娟，但我會說，藍麗娟的人脈裡有我，她叫得動我，甚至說她沒出聲，我都會動起來；藍麗娟出書，就是我的事。這才是人脈正解。

如果你看完本書，若干思緒有所觸動，根據書中的故事或金句而調整了人脈的觀念與放開心胸學著與對的人深交，你應該會對下面這段經典影集對白有深一層的體悟：

Valar Morghulis. Valar Dohaeris.

凡人皆有一死。凡人皆須侍奉。

推薦序／

用熱情轉動的世界

——讀吳家德《不是我人脈廣，只是我對人好》

凌性傑／詩人

每次遇到重大低潮的時候，吳家德總是為我提供一處強大的能量場，幫助我面對那些或大或小的煩惱。有時候是傳訊息、講電話，有時候是坐下來喝咖啡、吃冰淇淋，家德用他最溫暖的陪伴，讓親朋好友感到安心。疫情升溫之前，我珍惜每一次可以交會的日常，跟家德相約聊聊自己的新書，以及之後的寫作計畫。初夏午後，家德講話元氣淋漓，連眉毛眼睛都有精采的言語。談起人與人的連結，他真的有說不盡的故事，《不是我人脈廣，只是我對人好》書裡呈現的只是他生命故事中的一小部分而已。

讀這本書，真像回到初識家德的時光，感受到善意、體貼、關愛、無條件的施予，幸福感爆表。家德最讓人喜歡、也最讓我敬佩之處，就是把善念化為行動。他不斷地認識新朋友，藉此不斷地累積能量，成就了更好的自己，也成就了彼此關愛的社會行動。「被認識」的人，往往可以恍然大悟，原來這就是陌生人的慈悲。因為慈悲、寬諒，人脈代表的是友善共好的交集。

我們不難發現，許多人談人脈，比較著重利益交換、現實需要，如此一來，人的情感依存有時候會難堪地變成可以算計的資產。但吳家德談人脈不是這樣，他在意的始終是人，始終是生命與生命的同情共感。於是他屢屢發出信號，大量購書支持作家朋友，然後把他真心喜愛的好書分享出去。也因為人脈累積，在他號召之下，為弱勢團體多次募集物資，完全不求回報。我想，內心的喜悅富足，正是最大的回報。

職場生涯裡，他想必看多了紅塵紛擾，卻不改初衷，保有一顆永遠的赤子之心。從金融業轉向餐飲管理之際，我們曾經聊過中年人的抉擇。家德再次轉換跑道之前，我們在淡水的速食咖啡廳小聚，我打算重新清理人生，家德也在職場生涯的十字路口猶疑，而我們祝福對方，支持彼此的信念。我很榮幸，能夠擁有家德這樣的朋友。這份穩固、可以信靠的友情，讓我對人生減少了許多懷疑。

因為我知道，吳家德早已經真切體會過無常是什麼，也知道他經歷過生命裡的沉痛與悲傷。內心的充足能量讓他一臉柔和，在我眼中，他才是那個「有信仰的人」。柔軟的心腸、強大的信念、良好的紀律、即時的行動，構成這本《不是我人脈廣，只是我對人好》。家德讓我學會，「對人好」是世間最溫柔的咒語。念念不生疑，這句咒語可以把我們帶到最圓滿的生活情境。

《透過佛法看世界》書裡，希阿榮博堪布說過這些話：「每個人的生命都或遠或近地是其他人、其他眾生生命的一部分，所以你的苦也是我的苦，你的局限也是我的局限，而我的願、我的修行、我的清淨善業也指向你的安樂清涼。」「如果把關愛的範圍擴大，由己及人及眾生，那就是慈悲了。如果把求知的深度延展，由物而心，那就是智慧了。」在家德的書裡，我透過一則又一則故事，看見慈悲與智慧的力量。模擬面試遇到的學生、加油站工讀生、咖啡店員工，種木瓜的農夫……家德與他們素面相見，共同累積善的能量。

《不是我人脈廣，只是我對人好》是我心靈防疫的必備良方。書裡的故事一再提醒我，在自利利他的人際脈絡裡，人與人之間可以得到最好的支持。每個生命都不是孤立無援的，只要展開笑容、真心呼喚，溫柔就會到來。

二〇二一年五月中以來，台灣人過得實在辛苦。但再怎麼辛苦，都要繼續經營一個友善共好的家園。我們家園最珍貴、最值得珍惜的，正是這樣的善念與善行。

感謝這本書，帶我走出生命的幽谷，書裡的話語就像林間灑落的陽光，有說不盡的好。

自序／對人感興趣，生活很有趣

多年前，我在臉書寫下這段話：

你認識更多的人，是人脈，
更多的人喜歡你，是人緣，
人脈只能解釋你熱愛人群，
人緣才能證明你熱愛人生。

有趣了！有人問我要如何解釋人脈呢？我在臉書寫下擁有好人脈的五個做法，分別是：

一，講話內容得體又有料。

二，個性正向樂觀又熱情。

三，遇事不怕麻煩勇面對。

四，樂於參與成長性活動。

五，讓自己朋友彼此認識。

字義言簡意賅，每個人都看得懂。那又有人追問，什麼是好人緣呢？我接著又寫下具備好人緣的五大特點：

第一，真誠待人，微笑對人，讓人感覺舒服。
第二，少計較，少比較，偶爾吃虧也能釋懷。
第三，說話內容有溫度，不會酸言酸語對人。
第四，樂於助人，具有雞婆特質，也不逾矩。
第五，做事認真積極，對未來人生充滿希望。

這一路看下來，你就會發現，人緣是人脈的進化版。人脈強化自己的好，人緣則是將好的特質分享給別人，創造一起「共好」。所以，從人脈升級到人緣的心法就是「對人好」。這也是我寫這本書的目的：「人生短短數十載，對人好一點才能開闊歲月長河，走入更好的人生境地。」

因應對人好的觀念，書中的內容分成三大架構。第一輯「認識自己」，談談如何了解自己的個性與特質，打造快樂的自己；第二輯「從陌生人到朋友」，聊聊如何建立好的人際關係，讓自己在人脈池優游自在；第三輯「熟門熟路的人脈圈子」，分享如何與人為善，利他共好的人生思維。

沒錯，依我江湖行走近五十年，我的人脈算廣，但是和許多社交達人名片成塔、電話成河比起來，我認識人的「數量」還差得遠。但，若是評核「質量」可能就相去不遠了。答案很簡單，我的人脈學不是只比廣度，還要有深度。若用一個簡單的比喻說明質量的意義，就是你需要幫助的時候，有幾位朋友願意無條件挺身而出幫你，可能比你口袋有很多名單，卻都無聲無息來得重要。

「對人感興趣，生活很有趣」，是我踏入職場，正式體驗人生之後的感想。人生在世，不是學做事就是學做人。我曾說：「學習做事讓專業顯現；學習做人讓品德出線。」待人接物是我們一輩子的功課，要持續學，也學不完。當然，我希望這本書的問世，能夠幫助有緣的讀者，找到人脈亨通、人緣極佳的鑰匙。

謝謝出現在這本書的好友貴人，是這段善緣好運，才得以讓故事精采好看；感恩數十位推薦好友的認同，是你們的肯定與讚賞，才讓這本書更加豐富；也要謝謝麥田出版社的秀梅，每周和我討論寫作進度，用心編輯與校正，才能讓我的作品出版。

最後，當然要感謝一路以來，不斷支持鼓勵我的讀者群，是你們的力挺與分享，讓這本書《不是我人脈廣，只是我對人好》可以大賣。

輯一

認識自己

從挫折中逆轉勝

「嗨，老師，您怎麼在這裡呢！」一位長得帥氣高大的年輕人突然向我打招呼。「哇，志明，好久不見，我來上課啊。」志明接著說：「老師真是好學啊！還大老遠從南部跑上來。」「不會遠啦，這堂課對我的專業技能很有幫助，又剛好有空就報名了。」

志明是我多年前在某國立大學舉辦模擬面試的學生之一。所謂「模擬面試」的意思是，「學生把自己當成剛出社會的新鮮人，穿著得體的衣服，拿著為自己客製化的履歷表，坐在面試官前，面試一份自己夢寐以求的工作。」這算是Role

Play（角色扮演）的一種，主要是讓學生畢業後要真正面試時，比較不會失常。也藉由業師的建議與提點，趕緊修正履歷表與更了解產業生態的運作。

許多大學的就業輔導單位，常常會在畢業季前夕，邀請業界的主管，到學校幫準畢業生打磨一番，也讓這群學生知道，踏入社會有何該注意的地方，盡早適應職場環境。

記得那一次的模擬面試，我是金融界的代表，其他業界代表還有半導體廠商、國際知名藥廠、五星級飯店與航空公司等。進行的方式是，讓學生選擇他想要進入的行業，由我們各行業的主管逐一給予考評與回饋。最後，再把學生們集合起來，一起由面試官做最後的總講評。

志明因為是管理學院畢業的，順理成章安排到我這邊來模擬面試。也因為這層關係，讓我們有較多的互動，也在活動會後加了臉書，成為只有遠傳沒有距離的臉友。雖然我們有整整六年沒有見面，但因為臉書的緣故，彷彿都還知道彼此的動態。

既然在教室內已經和志明相見歡，加上上課時間未到，我們也就坐下來小聊片刻。不免俗的，我問志明近來可好？想不到，他回了一個出乎我意料的答案。他說：「老師，我跟你講真話，一年前我很糟糕，但近幾個月越來越好。」

怎麼說？我用一種驚訝但又好奇的口吻追問他。他才講出近一年的心路歷程。這些內容有悲傷也有歡笑，更重要的是，點出一個關鍵的核心價值，「終身學習」的重要性。且讓我把志明告訴我的故事分享給大家。

志明有一位打從大學時期就交往的同校不同系女朋友。算一算時間，他們在一起也好多年了。兩人都是台北人，畢了業，都在台北上班。志明喜歡行銷的工作，在一家小公司負責企劃業務。志明的女友則是在大型金控公司上班。

原先，志明女友的薪水大約多志明幾千元，後來因為工作表現傑出，深得主管喜愛，讓她的薪資大幅增加，最終比志明的月薪多了兩萬以上。或許就是薪資上的差距，再加上感情轉淡的緣故，志明的女友提出分手的要求。志明也在苦苦哀求都無法挽回這段感情的情況下，只能接受這個痛苦的結果。

被分手的志明，整個人精神突然變得恍惚呆滯，不僅心情悶悶不樂，連工作上的表現也荒腔走板，讓他的老闆相當不悅。更悲慘的事情終於發生了，他的老闆竟然把他資遣了，這簡直是屋漏偏逢連夜雨。志明也就在短時間接連失去女友與工作。

人財兩失的志明，經過一段時間的沉澱與療傷，發現自己的人生不能再這樣下去，否則才是最大的悲哀。他心想，揮別傷痛的最好方法就是轉移注意力。而轉移注意力最好的方法就是大量學習。也因此，他做了一個決定，就是將他存摺裡的十萬元存款拿去投資自己，他搜尋好課程，然後不斷的去上課認真學習來轉換心境。

就這樣，志明用半年的時間積極上課，也在課堂中交到許多志同道合的好朋友。當然也就走出情傷，成為一位樂觀開朗也熱愛學習的年輕人。

當課程結束後，志明便開始找新工作。他投遞一家外商公司履歷，同樣也是應徵他最愛的行銷工作。因為是跨國企業，面試官要求他用英文自我介紹。志明在這關的表現並不突出，但志明並不氣餒，希望面試官能繼續給他機會。

志明告訴我，面試官在英文介紹之後對他已經有既定印象，應該不想和他繼續聊下去，某種程度也算是要打發他離開了。但此時樂觀又不服輸的志明突然告訴面試官兩件事，讓這場面試結果峰迴路轉，讓志明最後得到這份好工作。

原來志明向面試官做了兩個舉動。第一，他告訴面試官，他把公司的經營策略與產品內容做了一份分析報告。藉此讓面試官知道，他有備而來，雖然英文比較普通，但瑕不掩瑜，值得公司用他。

接著，他講了一段屬於殺手鐧的話。他說，若公司錄取他，不需要在他身上花錢培訓他。他拿出一個檔案夾，裡面裝著好幾張近半年來他上課的結業證書與繳費收據，告訴面試官他是一位懂得學習成長的人。他不會等著公司花錢栽培他，而是會主動積極自掏腰包找好課上的員工。

就是這兩個神來的舉動，讓他被錄取了，而且核定薪資也比前職多了兩萬元。

當志明告訴我這個結局時，我感到非常驚喜，也為他的新人生獻上祝福之意。這是一個令人記憶深刻又能振奮人心的好故事。

我從志明的故事，看到了三個亮點。

第一，生命中的挫折不見得是壞事，停下來好好思考，找到方向用對方法，還是大有可為。

第二，持續學習成長，花小錢投資自己是值得的，也讓自己走在夢想道路上，成為自己喜歡的那個人。

第三，遇到麻煩與困難不要急著退縮，臉皮厚一點，多點耐心與準備，心情放輕鬆，有時候就能出奇制勝，美夢成真。

真好，因為一場模擬面試的機緣讓我認識志明。又因彼此熱愛學習的動機讓我們聚在一起。只能說太有緣了，這像極了愛情。

工讀生也能成就非凡

「加油站」對會開車的現代人是不可或缺的產物。少則一個月一兩次報到，多則如我，幾乎每周都要光臨，因為我是中年過動兒，一台車凸全台灣，趴趴走是常態。而我也相信，人有一種慣性，除非開車到外縣市需要加油了，否則都會到常去的加油站加油才是。

我常加油的地點有兩個，一個是住家附近；一個是公司附近。若以比例來說，又以住家附近的加油站較常去，幾乎占九成。原因很簡單，因為晚上下班，比較不會趕時間，可以有餘裕加油。

關於「時間管理」這個議題，我也會用「加油」做比喻。當很多人嘴上常說「忙爆了」的時候，我都會問他們，你會把一台車開到沒油，然後都沒有時間到加油站加油，如此還能繼續開嗎？

意思就是，再忙還是要停下來思考或充電，才能安全繼續上路。否則開到半路沒油，還要耗費拖吊成本，一定比提早規劃去加油站好好加油來得省時省力啊。我很常在演講場合向聽眾分享我的一句話：「要思考，不要瞎奔跑；要幸福，不要亂起伏。」就有上述的意涵。

或許是長期待在服務業的緣故，對於加油站人員的服務品質會特別敏感。有些人熱情有勁；有些人冷漠安靜，這都是加油站每天上演的戲碼。中規中矩的服務，大抵很難留下什麼印象，但驚豔脫俗的表現，就會讓人感動不已，甚至回味再三。

在我過往的加油經驗中，有三個故事值得分享。

第一個是關於「做業績」的故事。

二〇二〇年，新冠肺炎的疫情把全球景氣搞得七暈八素，讓很多企業紛紛撐不住而收攤。許多公司面臨百年來的困境，紛紛想辦法轉型突圍或找財源增加現金流量，目的就是撐過這段黑暗期。而加油站也不例外。

某日的假日午後，我開車到加油站加油。幫我加油的是一位看起來非常靦腆的男工讀生。等到油槍跳起來，結完帳時，他竟然問我，要不要買一個車內用的空氣香氛。當下，我是拒絕的。但他卻沒有放棄，還告訴我，這個小物才八十八元，請我多幫忙。但我還是拒絕了。

我猜想，最近景氣變差，油價跌落，所以加油站為了提高營收，硬是請所有員工協助賣周邊商品。

我問這位工讀生，這是團績還是個績？他可能聽不懂意思，我就問他，公司有規定每個人要賣幾個嗎？還是一起算成績？他說沒有個人業績，就是大家一起賣。

他接著說，上個月整個加油站沒有達成公司訂定的目標，只有做到百分之五十。這個月，他希望能幫忙銷售，所以有機會就賣。聽他這麼一說，當下我是感動的，覺得這位工讀生挺認真的。

我常常在大學的演講場合告訴同學，不要因為自己是工讀生身分就放棄卓越。也就是說，如果你認為，等我畢業出社會，再好好認真工作，工讀生沒有盡力是不會被苛責的，這就大錯特錯了。

因為，你存著僥倖的心態，等到你畢業之後，還是不會盡力的。也只有還是工讀生身分時，培養全力以赴的精神，等到擔任全職工作時，才能更上一層樓，被老闆肯定。

看著這位加油站工讀生對我哀求的眼神，我思忖三秒鐘，還是再度拒絕他。不買的原因很簡單，我真的不需要，倒不是八十八元的緣故。工讀生看到我的篤定，他也就放棄了，轉頭拿信用卡與單據給我。

待我把信用卡收入皮夾，準備發動車子時，他沒有因為我不買小物，而對我冷漠不友善，卻仍是笑臉的對我說聲謝謝，謝謝光臨。我突然被這聲「謝謝」打中了，我竟搖下車窗，拿出一百元給他，說我要買。他喜出望外，非常開心的衝去結帳，最後完成這筆交易。

當他找錢給我時，我告訴這位小男生說：「我被你認真幫公司做業績的精神感動，所以我一定要支持你。」這是極具熱情的行為，我非常欣賞。而這個故事，也帶給我三個啟發：

第一，公司存亡，人人有責，哪怕工讀生都可以挽救公司業績。

第二，不要太快放棄銷售，在過程中，盡量找出攻擊點，有機會成功。

第三，對於拒絕你的客戶，不要負向看待，保有風度，會有奇蹟。

第二個是關於「行動力」的故事。

有一回到加油站加油。在我進站前，加油站只有一台車正在加油，我算是第二台。一位男性加油員走到我旁邊，精神奕奕地問我加什麼油？之後用很熟練的口吻說出：「九十五加滿，油表從零開始。」

我等待著，他也沒閒著，因為又有一輛車進來加油，他迅速的跑過去服務。等到我的跳槍後，他又很快速的跑到我這，問我跳槍就好嗎？我回，是的。當我給他信用卡付錢時，他拿著卡又是用跑的去結帳。

給我信用卡簽名時，我問他，車子不多，為何要用跑的？他說，加油站是服務業，若我要展現熱情，一定要聲音宏亮，服務親切。但，同事這方面也都做得很好。如果我要展現更棒的一面，用跑的，是一種區隔，也是積極的表現。

這位員工的行為，讓我覺得這個好服務是顧客心理學的表現。加油站絕對不是客戶的目的地，只是過站。所以沒有人會希望浪費時間在等待加油上。他用跑的，除了可以展現熱情，又能減少客戶等待時間，這樣對加油站的客戶滿意度是會有幫助的。

這個故事給我的啟發是，魔鬼藏在細節裡，只要用心發現，就容易被看見。

第三個是關於「交朋友」的故事。

也是有一次我到加油站附設的洗車場洗車。這位年輕人口操台語，很用心的幫我擦乾車子，他的熱情服務，讓我想要與他多聊二句。

當時我問：「還在念大學吧。」「對啊，我讀大四了。」他回答。我再問：「老家住哪呢？」他說：「左鎮。」「那你知道《不倒翁的奇幻旅程》這部電影是在左鎮拍的嗎？導演林福清是我的好朋友唷。」「我知道啊，這部電影讓大家了解我的故鄉左鎮。」年輕人的回答更顯驕傲。就這樣，他完成他的擦車工作，我們也順勢成為臉書上的朋友。

隔幾天，我又到這家加油站加油兼洗車。心想，會不會遇見這位年輕人呢？說時遲，那時快，他就出現在我眼前。當我搖下車窗，彼此四目相視時，他開心的大聲喊出：「家德大哥好。」他的微笑問候與第一時間就知道我是誰，讓我也開懷不已。

將車洗好也擦好之後，我下車與他寒暄幾句。除了感謝他的服務外，也勉勵他繼續用熱情做好服務。將來有一天出社會工作時，一定會成為老闆心中的優秀人才。他是黃宏印，一位將簡單工作做到極致不凡的大學生。

時至今日，宏印早已大學畢業多年，當一位效忠國家的職業軍人。這些年來，因為有著臉書的連結，我時常能看見他的動態，他也會按我臉書文章的讚。這種因為加油而成為朋友的緣分讓我格外珍惜啊。

以上這三個發生在加油站的故事，如果要用一個觀念串起來解釋，我的心得是：「**對人感興趣，生活更有趣；對人多同理，老天送大禮。**」

魔鬼藏在細節裡

這些年來，我在開車上班途中，只要時間還充裕，我都會買一杯熱美式在車上喝。在小小的密閉車內空間，聞得到咖啡香，然後一邊開車，是一種幸福的儀式。

有一回，我到一家知名的連鎖品牌咖啡店買咖啡。幫我點餐的是一位女服務生。很快的結完帳之後，我便等待拿走我的熱咖啡。但這位小女生非常熱情，遞交了一小杯約二十ＣＣ新上市的咖啡請我喝。

當她拿這個小紙杯給我之際，我並沒有接好，結果這杯咖啡就被我打翻在桌上。很快的咖啡就沿著桌緣流了下來。我一邊對小女孩致歉，一邊趕緊拿餐巾紙擦拭滴下來的咖啡。

小女孩表現非常鎮定。她馬上衝出結帳區，走到我的身邊，拿一條大抹布開始清潔桌子與地上的咖啡汁。我告訴她說，不好意思，是我打翻的，讓我自己來。她反而說，來者是客，這是她們應該做的。

說實話，她的行為真的有感動到我。雖然服務業以客為尊，幫忙客戶解決問題是天職。但我要說的是，她大可拿著抹布擦桌面，然後在櫃檯內，彎著腰擦一下桌緣即可。結果她願意繞一大圈「走出」吧檯區，擦拭滴到地上的咖啡，是我相當佩服的。

「魔鬼藏在細節裡」，依我多年的服務業經驗，小女孩願意跨出吧檯區真的不簡單。別小看這個細微動作，**沒有用心，做不出貼心的行為；沒有熱情，很難嶄露真性情**。

當小女孩幫我清潔完成，而我點的咖啡也已經做好，我便向小女孩道謝，走出咖啡館。一上車之後，突然想起，車內剛好還有幾本我的書。心中忖思著，小女孩熱心的幫我擦桌子，送她一本書當成答謝禮也是應該的。

然後又想說，若能和她拍張照，把今天發生的事情寫在臉書上，又能完成一篇「光陰地圖」就更棒了。我是行動派的，很快的我就拿著書，再次走到櫃檯區，告訴她，我希望送她一本我的書。在徵求她同意後，我在書上簽了她的名字，並拍下一張合照，完成我的願望。小女孩的名字是Una。

「光陰地圖」是寫作計畫的名稱。是我的好朋友江巧文所創。光陰是時間；地圖是空間，每天要寫一段字數不拘的文字放在部落格或臉書，然後拍一張相關的照片就算大功告成。打從十多年前，我便參加「光陰地圖」的活動。意外的讓我成為作家。

當天晚上回家後，我便把一早發生在咖啡館的好故事分享在臉書上。我的書寫主軸是「感恩」與「讚美」，得到許多臉友的共鳴，紛紛對Una的好服務按讚。

兩個月後的某一天，有趣的事情發生了。我再度光臨這家咖啡館。當我拿出會員卡感應付款時，服務人員問我說：「您是吳先生本人嗎？」我說是啊。對方馬上請我等一會兒。在我還搞不清楚狀況時，咖啡館的員工休息室，一位服務生迎面向我走來。原來這位服務人員竟是Una，主因是她的同事得知我來買咖啡，趕緊請她出來和我打聲招呼。

你一定也和我一樣，丈二金剛摸不著頭緒，到底發生什麼事呢？為何Una會很開心地跑出來呢？後來經過Una的解釋，我才知道原來有這麼一回事。

事情緣由是這家連鎖咖啡館的主管在我的臉書上，看到我讚美Una的文章，這位主管主動將我的文章轉分享在公司內部群組，讓Una好服務的事蹟，得到同事們的讚美與肯定。我聽完後，非常開心，想不到一個真誠的讚美，能帶來善的循環。

想當然爾，我們又拍一張合照，見證再相逢的緣分。而當天的飲料，是Una請客，讓我挺不好意思的。

故事至此，我原本以為這個故事大概就此落幕。若要做一個小總結，大抵有兩點，其一：「**願意用心服務別人的人是幸運的。**」其二：「**願意讚美別人的人是有福氣的。**」

但，老天爺寫的劇本彷彿不是這樣。又更神奇，也更好玩。

上述故事過後的兩年期間，我與 Una 再也沒有偶遇。而我也從當時的金融業，轉職到迷客夏，負責全國的營運業務。

有一次，我召開業務單位的主管會議。因為議題是整天的，我便在中午吃飽飯後，請幾位主管到公司附近的咖啡館買咖啡，藉以提振下午開會的精神。

當大家都點好咖啡，我拿出會員卡要結帳時，櫃檯的服務人員竟然喊出我的名字，並告訴我說我們認識。當下，我有點愣住，注視著眼前畫著淡妝的美女，一直在想，她到底是誰啊？

她笑著對我說，真是貴人多忘事啊。然後提示我說，她是從另外一家分店轉調過來的。我的腦袋馬上回想記憶，經過兩秒鐘的思考後，我叫出她的名字，她是 Una 啊。

我直呼這世界也未免太小了吧。事隔兩年，我們又邂逅了。我興奮地向現場的幾位主管介紹我與 Una 認識的過程，大家也都感到不可思議。

我終究是一位業務特質濃烈的人。這一次的偶遇，算是我與 Una 的第三次見面。我問 Una 有沒有臉書，得到她的同意後，我們便成為臉友。我常常在演講的場合說：「友誼開始初，記得加臉書。」以便讓緣分可以延續下去。

到了晚上下班的時候，我便收到 Una 傳給我的私訊。她告訴我說，當年很菜，還是工讀生的她，因為我對她的鼓勵與讚美，讓她吃了定心丸，更有勇氣築夢。而現在的她，早已升任門店的主管職。

說實話，我不知道我的舉手之勞，就是寫一篇讚美文，竟然對一位年輕的小資女產生如此大的幫助。這讓我更加確信，讚美帶來的美，是無與倫比的強大。

因為 Una 離我公司很近，我們相遇的頻率也就變多了。有一回我突發奇想，想要聽聽 Una 近些年的工作心得，因為我們都待在餐飲服務業，共鳴性應該很高。另一個想法是，我算是她的職場前輩，也可以問問 Una 工作上有沒有任何問題，若我能力所及，也可以幫忙她。

Una 得知我想要和她聊聊非常開心。她說她早就想要請教我一些工作上的問題，只是怕耽誤我時間，而沒有說出口。我說太客氣了，彼此教學相長，也是好事呢。

不聊則已，一聊之後，我充分感受到 Una 比我想像的還要成熟、還要懂事。我從她的工作心得中，淬鍊出四點屬於她的成功關鍵。分別是：

第一，**認清績效為王**：她說，商業世界是殘酷的，不賺錢的企業很難繼續生存，所以她在乎業績，一定要盡力達標。

第二，**成為優質領導**：她了解，要能升官加薪，不是靠年資，而是靠實力。而實力的展現，靠的就是當上主管來證明。

第三，**喜歡遇到挫折**：她告訴我，越年輕，遇到越多挫折越好。只有如此，才能盡早發現自己的不足，往更好的道路邁進。

第四，**設定學習標竿**：她深知，站在巨人的肩膀上，可以減少走冤枉路。所以，她設定好幾位職場前輩，希望能向他們請益，讓自己變得更強。

這是一個未完待續、但張力十足的故事。很慶幸因為打翻咖啡而認識 Una；因為讚美 Una 而跟她結善緣；因為緣分的延續而聽到 Una 的職場心得。我相信，她所說的四點，一定也能嘉惠許多職場工作者。

後面還會有什麼好故事呢？就讓我們拭目以待吧！

讓自己成為璀璨的珍珠

某天的早晨，我的臉書私訊傳來一則陌生訊息。打開之後，發現是找我演講的來信。臉書算是這十多年來興起的社群平台，讓熟識或陌生的人，都有機會彼此溝通交流。而我演講邀約之所以越來越多，與容易從臉書找到我的帳號有正相關。

來訊的人是統一企業教育訓練中心的純儀。一開始，我以為是要到統一企業的總部演講，但後來再往下瀏覽，驚覺有趣，原來公司要請我對統一獅棒球隊的新進球員上課。

哇！我覺得很酷。我對企業和學校演講幾百場，但就是從來沒有對一群球星演講過，我心中想著，若時間允許，就一定要去。另外還有一個讓我樂於前往的原因是，主辦人純儀寫給我的信，用字得體，誠意十足，讓人感覺很有溫度。

很快的，我與純儀就從臉書私訊上的文字來回，轉成用電話溝通的真實模式。在此，我還是要不厭其煩的提出我對「人際溝通」的想法。我總覺得，人與人真正的互動是見面，若不能見面才是電話，不能電話才用文字。或許我的觀點不見得適用在每個人身上，但我相信，友誼溫度的長久維持，是需要被看見（人）與聽見（聲音）的。

約定的授課時間，是統一獅棒球隊的冬訓時程。也是統一剛拿到職棒三十一年總冠軍的一個月後。我記得當時的比賽非常戲劇化，統一獅是從原先的一勝三敗，再輸一場就要打包回家的困境，竟能在後三場比賽通通贏球，最終逆轉勝登上總冠軍。

統一企業真的是一家以人為本，素質精良的公司。從課程目標到講題大綱，不斷的和我溝通聚焦，目的就是希望我能對這群年輕球員傳遞四大主軸，分別是「熱情的人生」、「職場的倫理」、「終身的學習」與「挫折忍耐力」。說實話，這是少數會和我聯繫這麼多次的一家公司。甚至，當天講座的進行，統一企訓學院的蕙如經理都全程參與陪同，也讓我非常感動。

既然統一企業如此看重我，我也就要帶著必勝的決心登上打擊區一搏，希望能用我的熱情驅動世界，揮出一支大號全壘打。而此次上課的地點也很特別，不是在企業的會議室，也不是飯店的演講廳，而是在統一獅的主場台南棒球場舉辦，這亦讓我感到有趣。

一開場，我向這群年輕球員說：「**世上最棒的事，莫過於有人付錢請你做你最喜歡做的事情，能把興趣當飯吃，是幸福的人。**」台下球員頻頻點頭。但我也跟他們說，想要做這種事情的人一定很多，所以一定要加倍努力才能被看見，否則稍一不慎就會被淘汰出局。

我接著說一個小故事，讓他們馬上聽懂我的意思。我說，有一位年輕球員，總覺得自己懷才不遇沒有被總教練青睞，一直當板凳球員，苦無上場機會。他後來去找一位有智慧的老人訴苦。

這位老人聽完他的際遇之後，帶他到海邊走走，當兩人散步在沙灘上時，老人突然彎下腰，從沙灘上撿了一顆小沙子，然後往前一丟，請年輕人幫忙撿回剛剛丟出去的那一顆。這位年輕人露出不可思議的表情對老人說：「怎麼可能撿回來，沙灘上有無數同樣的沙子，無法分辨剛剛的那一顆。」

聽完年輕人的回話後，老人便從口袋掏出一顆白皙的珍珠，也是往前一丟，再次請年輕人撿回來。這次，年輕人快步走向前，很快的就從沙灘上把這顆閃耀的珍珠撿回來給老人。

不等老人解釋，這位年輕球員已經懂得老人做這兩件事情的差別與目的。我馬上告訴統一獅的小球員說：「如果你只是百萬顆沙子中的其中一顆，很難被看見；如果你是沙灘中特別明亮的珍珠，一眼就會被看見。」所以故事的結論是，讓自己成為璀璨的珍珠，職棒道路才能走的長又久。

因為談的主題是我的專長，而我幾乎都是用實際案例分享，所以球員與我的互動就格外熱絡。他們時而專注聆聽；時而爆笑狂嗨，兩個小時的時間其實就在我的故事啟發下一轉眼就過了。

在課堂中，我沒注意的一個亮點是，統一獅林岳平總教練竟然也參與其中。要不是課程結束，統一獅為了謝謝我，才特別請林岳平總教練上台頒贈獎品給我，否則我真的不知道林總有到現場。

林總告訴我，他聽完我的演講極度認同我的分享。他說，他不希望球員只是會打棒球，還要對外面的世界有探索的好奇心。他又說，**失敗才是養分；挫折才是成長**，我深有同感。說實話，雖然此行的目的，我應該算是一場講座的「給予者」，但意外認識林總並和他聊天之後，我又覺得我是一個從林總身上學到寶的「接收者」。

林岳平的外號是大餅，所以大家都稱呼他餅總。他說過一句經典名言：「**不管再怎麼難過、都不會比躺在手術室裡難過。**」原來林總的心臟曾經開過刀，當要被送進開刀房時，他也不確定還能不能延續他的球員生命。但他卻挺過來了，不僅完全康復，還屢屢寫下中華職棒的紀錄。他創造生涯五百次奪三振與四百場後援出賽的好成績，個人累積一百二十九次救援成功，也是聯盟的紀錄保持人。

因為有幸認識林總，並得到他的簽名球一顆，回家之後我把林岳平總教練的生平事蹟，從網路上認認真真的看了好幾遍。在他要結束十三年的球員生涯轉任教練職之際，統一獅特別幫他辦一個光榮引退儀式的影片，讓我看完之後眼眶泛紅，非常感動。尤其林總感謝他生命中好幾位貴人那一段，讓我格外動容。而我也確信，一位懂得感恩的人，他的人生道路必定幸福。

關於這次的邀約演講。我有三點心得想要分享：

第一，我問我自己，為何會被統一獅相中對球員分享這場講座。我認為關鍵的原因是，我的個人品牌在網路上打造出來的形象是熱情的，與人為善的，符合主辦單位期望的講師特質。所以，每個人追求的標籤不該只是頭銜，更要在乎頭銜前面的形容詞。比如是溫暖的，善良的，積極的，樂於助人的等等。

第二，認識餅總是一件開心的事。也因為看到他的相關報導讓我更加佩服他。與其說我是去做一場演講，倒不如說，讓我有機會閱讀到餅總的故事，進而激勵自己，有一種額外驚喜的收穫。

第三，人生猶如棒球比賽，不到比賽結束都不應該提早放棄。因為球是圓的，只要願意努力，相信自己，也相信團隊，都有機會逆轉勝。

隨心所欲，傾聽自己的聲音

天光未竟，我就從太麻里的民宿起床。很快的，打開窗簾與窗戶，期待的不是看第一道曙光，而是呼吸第一口新鮮空氣。昨夜下榻金崙溫泉區，夜很靜，睡的也香醇。

趕緊打開溫泉湯，不出十分鐘，浴池已煙霧裊裊。深褐色的湯泉，富含鐵質，對人體的血液循環極好。入浴後，尚存一絲的睡意便被溫泉的四十度C一掃而空。我心想著，在秋冬冷風微微的季節，有溫泉可泡真是幸福啊。

帶著全身熱呼呼的暖氣，我換上運動服裝，便往金崙溪上游跑去。我喜歡到外地旅行時跑步，如此一來，手機的跑步軟體便能幫我紀錄這趟小旅行。我認為旅行的意義不只是「去過」，更重要的是曾經「走過」。

我還是一貫的熱情。逢人就說早安。「微笑的迎人」與「親切的招呼」永遠是保持好人緣的不敗心法，古諺云：「伸手不打笑臉人」，應該也是這個意思。我覺得，**當一位主動積極的問候者，比當一位被動消極的被問候者來得開心**。當然，世態炎涼，很多陌生人可能不會理會你的問候，但這真的沒有關係，對這個世界投射更多的溫暖，也是讓自己快樂的主因。

以往在外地街頭路跑，我喜歡跑跑停停，只要看到人就想要停下來聊聊。但此趟跑步，我沒有當一位好奇寶寶。原因很簡單，我傾聽自己的聲音，當下我認為專注跑步比聊天話家常更重要。關於傾聽內心的聲音，也可以說是「直覺」，是我生命越做越好的功課。或許是接近半百的人生，如何讓自己自由自在的活著，有著更灑脫的想望。

回顧以往，在人與人的連結溝通上，會有患得患失的心態。打從二十多年前，自己還是一名業務時，對於人脈的建立較有侵略性，什麼人都想認識；什麼咖都想交往。名片一張一張換，名字一個一個記。但是過了幾年之後，有些名片只是紙片，許多名片上的名字早已陌生模糊。

我最終了解，會和你產生緣分繼續保持聯絡的，你心裡會有知覺與敏感度。就是第一眼的印象與前幾句的聊天大概占了七八成。之後再透過適當的問候與用心的連繫，讓友誼加溫，成為朋友之路便是水到渠成。

跑完步，吃完早餐，再泡一次溫泉，彷彿是我到鄉野旅行隔天一早的儀式。然後呢？接下來要做什麼？沒有。真的沒有。近年在台灣的小旅行，我已經到了沒有想要事先規劃的境地，除了先訂好旅宿外，就以隨心所欲至上。但是有兩件事情一定會做，其一是看書思考，多些人文情懷；其二是隨處晃晃，多些感動驚奇。

容許我小小說教一番。許多人在旅行之前，會事先做好出遊計畫，要去哪吃，要去哪玩，要去哪看，時間安排妥適，深怕錯過就有遺憾。但是在人生的職涯發展，卻是不想規範計畫，總是抱持「船到橋頭自然直」的鴕鳥心態，過一天算一天。

這當中的差別是什麼呢？當然是人性。玩樂輕鬆，可自我調配掌控，按部就班做計畫會有成就感。但工作辛苦，需要嚴謹縝密，又常常計畫趕不上變化，搞到筋疲力竭，索性半調子面對。所以對於旅行與工作，我的小結論是，**旅行盡興放鬆；工作樂在其中，就是最好的人生**。

這次我帶著舒國治《遙遠的公路》一起旅行。這是一本旅行散文。大導演李安難得寫專文推薦。文末也收錄詹宏志先生當年因為擔任「長榮寰宇文學獎」評審，舒國治是得獎者，而寫了一篇讚許舒國治作品是「硬派旅行文學」的文章。能在旅行途中看著寫旅行的文章，我感到幸福無比。

舒國治說，什麼人最有資格旅行，便是一直覺得沒有待在最佳地方的那類人。當下的閱讀心情，彷彿為自己的旅行找到註解，就是當一位宇宙過客，知道人生苦短，要及時行「善」啊。注意，是善不是樂，我覺得善能夠包含樂，但樂不一定有善。

退房後，我選擇往深山走去。開著車，一路往部落邁進。能開到哪裡呢？說實話，我也不知道。我只知道，越偏僻，越孤寂；越孤寂，越能與自己對話就是了。能與自己對話，代表靈魂有跟上，也是踏實。

開到歷坵部落我便停車。往西眺望幾百公尺的遠方，在群山裡有一座紅色吊橋矗立，顯得格外文明。我的小宇宙又上演了，走去瞧瞧吧，算是一趟小探險之旅。原來這座吊橋是魯拉克斯吊橋。原本舊的魯拉克斯吊橋在八八風災被摧毀，後來經過族人爭取，終於再度興建完成。

從村落走到吊橋約莫十分鐘路程。不遠，但因為都沒有人同行，再加上小徑荒幽，而顯得寧靜。不怕，只要沒有蛇出沒，狗出現，便是平安。後來走到吊橋邊，我才發現，景點旁剛開闢好停車場專區，方便小型車前往。

這又讓我想起人生。人啊，總是要親自走過，才知道好不好，對不對，值不值得。當下就是一種選擇，沒有後悔的餘地。如果我大膽的開車衝下去，縱使發現有停車格，看似節省時間，但少了與自己對話和走路流汗運動的機會，也不見得是最好的安排。

這趟舒心的兩天一夜小旅行，很短，但很有記憶點。我想要從中分享兩件事：

第一，適度的抽離工作現場，讓自己遠離塵囂去旅行，能獲得更多能量。

第二，旅行中，除了欣賞風景之外，也能和自己對話，讓心靈更加平穩。

旅行是發現更好的自己的方法，該去好好享受。

你是一個內向還是外向的人？

從小到大，我們不斷的學英文。目的是什麼？更有國際觀？更懂得溝通？還是交外國朋友比較容易呢？或許都對，但不可諱言的，在台灣學英文，不能說的其中一個祕密是，具有職場競爭力，可以找到好工作，讓自己未來更有前途。

我當然覺得學會外國語言很重要，我也很羨慕那些會多國語言的專業人士，可以自在表達，溝通無礙。但我更相信「時間在哪裡，成就也就在哪裡」的論調，當我沒有花很多時間學外文，很難奢望自己的語言能力會有多強。除非資質聰穎，天賦過人，可是畢竟是少數。

如果沒有花太多時間學外文，不太會聽說讀寫也是正常的。但我看到許多台灣的學子或上班族，縱使認真學了數十年的英文，遇到了外國人還是不太敢溝通講話。明明養兵千日，就是要用於一時，卻搞得落荒而逃，棄械投降。

原因很簡單，不是「能力」問題，而是「個性」使然。能力雖是底蘊沒錯，但會對能力產生打擊的，有一部分可能是個性。

人類個性的種類當然是多元複雜的，我簡單在此將個性分為「內向」與「外向」兩種。目的只是說明兩者有顯著的分野，解釋人格特質的不同。

內向的人，比較安靜寡言，害羞表達；外向的人，比較活潑熱情，勇於發言。這是我大略的分類，沒有好壞度，只有差異性。

你是一個內向還是外向的人呢？我是一位從內向轉為外向的人。我之所以會有如此的轉變，主要有兩個原因。第一，我二十六歲時，在安寧病房當過志工，知道生命無常，內心有一股聲音告訴自己，如果外向些，是不是有能力做更多事，或做一些讓自己不留遺憾的事。第二，因為做了業務，每天要一直拜訪客戶，口才變更好，自信也更強，也就變外向了。

我在此不是要告訴你，一定要把自己的個性變得多外向才是好的。如果你喜歡自己的內向性格，也是很棒的一件事。

我想要和你分享三個故事。而這三個故事，都是我和外國人在旅行、運動、購物時，所發生的意外小插曲。也都是因為我的外向性格，讓我記憶深刻，記到現在，很難忘記。

我和台灣的大多數人一樣，英文學得很痛苦，也不怎麼好。因為過往的工作不常使用英文，導致學得多，也忘得快，應該就是中學的程度。

第一個故事：

二〇一七年底，我到柬埔寨的高龍島旅行，這個小島被旅遊雜誌列為世界上最美的十大海灘之一，有亞洲夏威夷美譽之稱。蔚藍的海岸，清澈的海水，白細的沙灘，的確讓人流連忘返。當我搭小船到島上時，一眼望去，幾乎都是歐美人士來此度假。非常符合「陽光，沙灘，比基尼」的氛圍。

但，讓我印象深刻的不是風景卻是人，因為我在此小島認識一對夫妻檔，他們來自美國。

在島上度假的第二天黃昏，我散步在沙灘上。看到一對年輕夫妻竟然躺在搖椅看書。這個畫面吸引我的目光。我心想著，也太妙了，來到風光明媚的島上，還能閱讀，可見應該是愛書人士。

我鼓起勇氣，用破英文問先生，正在看哪一本書呢？《*PRINCIPLES*》他回答我。這本書是 Ray Dalio 所寫。他是橋水公司的創辦人，也是全世界知名對沖基金的操盤手，績效斐然。當時，這本書尚未有中譯本。直到半年後台灣才出版中文本《原則》，旋即成為長銷書。

就從這本書的緣分開始，我們足足聊了半個多小時。這對夫妻住在舊金山，喜歡度假，選擇此行到新加坡、柬埔寨的吳哥窟與高龍島及泰國的芭達雅旅行，渡過他們為期兩周的假期。

或許是一拍即合，抑或話題相近（聊閱讀與旅行），我們一見如故，聊得非常開心。彼此互留電子信箱，也互加臉書，扎扎實實成為現實生活的朋友。我請他們若有機會來台灣，一定當他們的在地導遊，帶他們玩台灣。他們也回我，若有機緣到美國，他們當盡地主之誼招待我。

第二個故事：

有一回，到某家簡餐店買晚餐。忽見一位外國年輕女子也來用餐。女子問老闆會講英文嗎？老闆比出 No 的手勢。只見女子瞪著只有中文沒有英文的菜單若有所思！

好吧！輪我上場了。我告訴她，這是一間素食簡餐店。女子說，對，她知道。她問我 menu 上的麵哪一樣好吃。「沙茶意麵」我說。她追問為什麼？說實話，我不知道如何用英文回答。我只告訴她，一很美味，二我常點。然後，她就說好，就吃這個。

她是一位落落大方，長相甜美，言談自若的女孩。等餐中，我們閒聊許多。她告訴我，她來自德國，來台目的是遊學兼旅行。她說她很愛台南的古色古香，人情味很濃。彷彿回到她的家鄉一般。

認識我這位大叔真的不錯。我跟老闆說，她的晚餐我請客。女孩露出開心的笑容謝謝我。最後麵店老闆熱心的幫我和這位外國女孩拍照，讓我可以留下回憶。

第三個故事：

某個假日，我獨自到成功大學自強校區跑步。多數時候，我都是一個人自己跑，比較自由自在。但有些時候也會和朋友同事相約，一起邊跑邊聊天。

自強校區跑完一圈大約一公里多，當我跑到第二圈時，我發現我身邊有一位皮膚黝黑的印度年輕人，和我用相差無幾的速度跑步。我跑稍快，他跟上；我稍慢些，他亦然。撇開熟悉度不談，我突然覺得身邊多了一位朋友陪跑，彷彿我們早已約定要完成這趟運動之旅。

我是一位主動的人。我率先開口向他問好。很快的，就得到他善意的回應，也和我打招呼。就這樣，我們在接下來的半小時，一起同行跑步；一起大口呼吸；一起聊天微笑。

這位年輕人來成大念書，到台灣生活已經兩年多，也是非常喜歡台南的生活步調。他固定每周會運動三次，雖然他的身材微胖，但他說：「不運動會更肥」這句話，讓我哈哈大笑。

說實話，這是一段很奇妙的緣分。竟有一位外國人就這樣與我同行將近一小時的運動時光。重點不是我會說多好的英文，而是我有十足的勇氣與好奇心，和他閒話家常。跑完後，我們便來張自拍，為此次的緣分畫下美麗的句點。

從這三個與外國人接觸的故事，我想要分享三件事：

第一，學好英文固然重要，但勇於表達更是關鍵。

第二，語言只是溝通工具，但熱情的心讓人溫暖。

第三，老天會送給你驚喜，但要有膽識才能圓滿。

哥具備的不是英文能力，而是一顆熱情助人的心。

你知道你想要的是什麼嗎？

二〇一七年四月三十日的晚上，我在臉書ＰＯ出一則貼文。內容如下：

從明天開始，在三個月內，我即將啟動一個名為「愛在故鄉，跑在台南」的街頭路跑計畫。也就是說，我會從自己的故鄉新市區出發，將每一個在台南市的行政區域（共三十七個）都跑一次，每趟距離是五公里。

我的做法是，每周固定跑三到四次，就能在三個月內將三十七個行政區域跑完。我的起跑點是各區的區公所，終點也是區公所，我會抓單趟約二公里半，來回便是五公里的路程完成此計畫。

平日上班，起跑時間會是晚上的七點半，假日可能會是早上，也會是下午。若是因事或因雨而導致行程延宕，必須要趕進度，有可能早上也跑，下午也跑。我希望每周日公布當周的行程。若你也是住在我要起跑的行政區域，歡迎到區公所會合，一起完成一趟街頭路跑的美好旅程。

若你問我，為何要做這件事？我會說，沒有什麼，就是「運動＋好玩＋毅力＋行動力」罷了。這是一個夢想，也是一個目標，更是一種執行力。有空一起來參加吧。

此文一發，留言板得到極大的迴響。有人說太有創意也太酷了。也有朋友說，希望能和我一起跑他的故鄉那一區。更勁爆的是，有人以為我要選台南市長，藉由跑步，開始下鄉了解各區民情，這真是大誤啊。

結果，我在當年的七月八日，就提早完成三十七區的跑步目標。比本來預計的七月底快了三周。經過多年，這個有趣的活動，我依然感到好玩，甚至在未來的日子，還想要找時間繼續辦第二次。

關於當年的計畫，我想要分享三個心得。

第一，我覺得設定「目標」很重要，那是一種和時間賽跑的趣味競賽，全然就是自我實現。雖然有時會遇到下小雨，我還是繼續跑。因為我知道，完成比賽是目的，而小雨就是一種挫折，是必須要去克服的。

第二，把跑步的日期與時間訂出來並昭告天下也很重要。如此一來就沒有退路說不去跑步。因為你會擔憂，不特定的臉書朋友，有誰會突然跑去參加我的活動，然後說，怎麼沒有看到我去跑，這下就糗大了。

第三，我常說，與其跑得快，不如跑得遠；與其跑得遠，不如跑得久。久是永恆，才能看到更多的人生風景。也就是說，我輕鬆跑，沒有壓力的跑，反而能夠很健康的跑下去。

若把跑步的目標轉成職場工作的ＫＰＩ也是如此。但是為什麼很多上班族都做不到呢？我提出兩個觀點解釋。其一，跑步的目標是自訂；而工作的ＫＰＩ是老闆訂的，顯示目標若不是自己設定的，達成的動機與欲望會比較低。其二，跑步的目標可以靠自己達成，比較單純；而工作上的ＫＰＩ幾乎都需要跨部門整合或與人合作才能完成，比較複雜。

再拉回來聊聊這三十七場的跑步記憶。經由臉書的昭告與宣傳，有一半的場次都有認識或陌生的朋友到來，讓我跑起來不孤單。但有一場很特別，不僅不是臉友陪跑，而是突然加進來的意外插曲。且讓我娓娓道來吧！

這一場是在六月二十八日，第三十一站的新營區。事情是這樣的。

當年，我還在遠東銀行嘉義分行任職。因為早已預告要到新營跑步，所以一下班，我便開著車走台一線往新營區公所邁進。當我南下開到水上火車站附近，我看見三位大男孩在路邊拿著布旗揮舞著，一副就是要搭便車的姿態，等有緣人停車載他們。

說時遲，那時快，我已經開過頭。心中忖度著，還是回頭問問他們到底在搞什麼把戲？於是乎，我迴轉問個究竟。他們真的是要搭便車無誤。我告訴他們，我的目的地是新營區公所，若有順路就上車吧。他們一陣歡呼，收拾行囊上我的車。

這三位大學生，來自靜宜大學。兩位念資傳系，是學長學弟關係；一位讀外文系。三位都是桃園人。準備全程都搭陌生人的便車環島，要用十天完成這趟旅程。我是他們出發後所搭的第十九台便車。

他們此行是帶著使命的方式環島。最主要是執行教育部的壯遊計畫。他們自訂的規則大抵是這樣：

一，拍攝火車站附近街友的生活方式，並給予些許的幫助。

二，教育部有提撥兩萬元經費給他們，但是他們盡量不花到這筆錢，希望靠著有緣人幫助，若能將錢省下來，就可以捐給需要幫助的人。

三，他們睡覺的地方就是火車站或是公園抑或街友中心，不能住民宿或飯店，完全就是要體驗街友的生活。

我遇見他們的時間是壯遊的第三天，他們預計當晚抵達台南，打算睡在台南火車站的地下人行道。

在車上閒聊一陣子，我才知道他們這趟旅行的意義是如此的有趣好玩。接著，我問他們，是否要與我一起執行新營的街頭路跑。想不到，他們都很興奮的說好。這下好玩了，只有一位穿球鞋，另一位穿涼鞋，另一位更誇張穿拖鞋。但這都不能改變他們想要跟我跑的意志。

就這樣，我跑在前頭，他們跟在後頭。他們都有分工，一位負責攝影，一位揹著布條，一位當主持人。我帶他們先跑到新營火車站，瞧瞧是否有街友在外頭睡覺。結果沒有。我問打掃的大姊，車站是否有街友呢？大姊告訴我，這裡只有一位，但今天可能還沒出現。既然沒遇見，那就繼續跑吧。

接著第二站，我跑到好友宗聞的住家。宗聞在新營市區用他母親名字開設「阿雪素食店」。店內販售安全衛生有履歷認證的好食品，因為用心經營，做人誠懇，服務又好，是新營生意興隆的好店。

宗聞見我來訪，又知道三位大學生的來意，非常熱心的包便當請他們吃飯，也將店內許多餅乾食物送給他們，希望他們能夠吃飽，又能夠幫助下一站的街友。

結束短暫寒暄，我們繼續未竟的里程。當我們跑進公園邊的河堤步道時，真的就遇見一名街友在涼亭休息。我帶著大學生與這位街友打開話匣子聊天，讓他們知道這位街友的來歷。最後，用宗聞送的餅乾借花獻佛，讓這位街友不致挨餓。他們都覺得非常有意義。

跑回區公所，我請他們先吃便當，讓肚子不會挨餓。稍事休息後，我想說好人做到底，直接接送他們到台南火車站比較快，避免讓他們太晚到目的地。另外我有考慮到，他們剛跑完步，身體流很多汗，應該要帶他們先去洗澡。畢竟，是我提議請他們陪我跑的，總是讓他們可以恢復乾淨的身體才是。

於是，我打電話給宗昇。宗昇是我二十多年的好友，在台南經營「屎溝墘客廳」民宿。我告知他，希望能借用浴室，讓他們三位可以洗澡，再去睡火車站。宗昇聽完當然很爽快的答應，不僅讓他們可以洗熱水澡，也幫我接送他們到台南火車站與街友共宿，順利完成當天任務。

隔天，我繼續上班，也就無暇關注這群大學生的行蹤。一直到了一周後，他們完成環島的壯遊計畫，我收到他們寄給我的一封信。信上寫著：「謝謝家德大哥的幫忙，感謝您分享許多精采的故事，帶給我們了解更多的人生價值。也要謝謝宗聞哥的伴手禮，還有宗昇哥的民宿招待，這些都是充滿熱情和善意的回憶。我們最大的收穫是，在我們很累的第三天，給我們必須前進的動力和勇氣。」

文末，他們告訴我一段很有智慧的話。他們說：「**任何關懷如果少了愛，就沒有意義**。」我真心覺得三個大學生，只用十天的時間，就讓自己看到社會底層的問題。算是呼應古人所說的：「讀萬卷書，不如行萬里路」的道理。

這是我在「愛在故鄉，跑在台南」街頭路跑活動中，印象最深刻的故事。

跑步是一種修練，修練讓自己的心更安定；跑步是一種覺察，覺察讓自己的心更清明。關於跑步，其實不只是跑步，而是與自己對話的過程。你知道，你是誰嗎？你知道，你想要的又是什麼嗎？你知道，你活著最大的目的是什麼嗎？彷彿，從跑步中，我都能找到答案。

跑步是形式，活出自己才是本質。讓我們一起跑下去吧！

不是我人脈有多廣，只是我對人感興趣

「其實不是我人脈有多廣，只是我對人比較感興趣，多認識你感覺舒服的人，有一天你會發現很有用。」這是我某日分享在臉書的一段小語，短短四十個字，竟然有將近千人按讚，著實讓我訝異。

經由四十多位朋友的留言，再加上我針對這些留言關鍵字的推敲，這篇貼文之所以會引起多數人的共鳴共振，我猜主要原因可能是「感覺舒服」四個字。

「感覺舒服」本來就是人的天性。人，何苦去認識一位感覺不對的人，又何必為難自己和一位不喜歡的人相處呢！對於為了做好工作的目的性，處在不舒服的狀態是常態；但對於人際關係的維持，還要勉強自己去接納不舒服的心態就是一種病態。

有位臉友在這則短文的留言版問我說：「老師，請問碰到感覺不舒服的人該怎麼辦？」我不假思索地立馬回她：「離開這種人。」而這五個字也得到好多人的認同，頻頻按讚。

再回到我前面所說的小語。有兩件事情可以繼續深入了解。其一，如何對人「感興趣」，這是一個值得探討的事；其二，認識人真的「很有用」嗎？這也是一個好問題。但，我要說的是，如果我們在生活中都能做「感興趣」與「很有用」的事，那就太美好了。

如何對人感興趣呢？我提出兩個觀點。第一，先相信人是世界上最重要的資產。既然重要，就會接觸，也就自然而然的會互動。第二，朋友同質，會有默契，心靈交流更深層；朋友不同質，可以成為榜樣，互相學習。

至於認識人有用嗎？當然有用。在學校當學生時，有老師和同學願意教你功課，讓你學業順利完成可以畢業，當然有用；出社會當上班族時，若有職場貴人提攜，讓你升官加薪，當然有用。更重要的是，我們無法預料未來會發生什麼事，可能是健康的問題；可能是財務的危機；可能是你無能為力的難題，若有朋友願意挺身而出，更是有用！

我想要聊兩個因為對人「感興趣」，對我「很有用」的好故事。

第一個故事：

話說當年，我出版第一本書《成為別人心中的一個咖》，被好友謝文憲（憲哥）邀請參加他在台北舉辦的「夢想實憲家」演講活動。憲哥希望我能分享一位平凡的上班族，為何能出書且大賣。

我懷抱感恩的心情北上參加這場講座。因為我明白，我的人脈多數在南部，台北的潛在讀者和我都不熟，能藉此多認識一些新朋友，是很值得的投資。「夢想實憲家」是一種知識型付費的講座。既然聽眾都願意掏錢上課，出席率與學習動機一定比較強。當天大約來了六十位聽眾。果不其然，各個臥虎藏龍，都是職場上非常傑出的工作者。我在當晚的場合，因此多認識了台下的十來位新朋友，彼此相談甚歡，收穫頗豐。

更讓人驚喜的是，當天其實有三位講師，除了我以外，連袂出席的還有街頭路跑創辦人胡杰、汽車銷售界的頂尖高手娜娜一起同台演講。除了憲哥我熟，另外兩位我都不認識。

不認識太棒了，那就去搞熟啊。先說結論，幾年過去了，除了憲哥繼續熟以外。胡杰和我早已成為莫逆之交。而娜娜與我的緣分也越來越靠近。

此話怎麼說呢？先說胡杰。結束當天台北的活動後，我發現胡杰是一位非常熱情有活力的運動員。我刻意約他出來喝咖啡，聊生活。一回生，二回熟，我們真的越來越熟，一起跑步，一起吃飯，一起談夢想。最終，我把胡杰的人生故事，寫在我的第二本書《從卡關中翻身》裡，讓更多讀者能受到他的激勵，變得更好。

再說娜娜。娜娜與我都是業務出身，所以和她聊銷售一定很有共鳴。當我第三本書業務之書《觀念一轉彎，業績翻兩番》甫出版，要在台北舉辦新書發表會時，我傳訊息給她，歡迎她前來參加。坦白說，以當年娜娜是業務銷售冠軍異常忙碌的身分，她不能來看我，我也不會覺得奇怪。

但，娜娜終究抽空前來，讓我感佩她的行動力與力挺的精神。她告訴我說：「做人就是要真誠，一日的友誼就是終生的朋友，家德出新書當然全力相挺，所有滿滿的真心不只是業務！」你說我怎能不感動娜娜的善舉啊！

近一年，我在公司舉辦「唯賀講堂」。辦講堂的目的是，每個月我都會邀請一位講師前來幫公司同仁分享好的職場觀念。而胡杰與娜娜都義不容辭前來開講，對於提升公司夥伴的職場競爭力很有幫助。

第二個故事：

有一回我在嘉義的獨立書店洪雅書房演講，一位坐在角落安靜的聽眾雯琬小姐買了我的書三十本。看似家庭主婦的她這般舉動讓我感到好奇。我忍不住詢問她購買的動機，為何要買這麼多本書呢？原來她是專業資深的學術藥師，長期負責中美兄弟製藥公司的業務訓練工作，當天對我的演講內容深受啟發，她想要將我書中的觀念分享給公司夥伴。

中美兄弟是國內已有八十年歷史的老牌製藥大廠。雯琬非常景仰的阿利老師是董事長夫人，也是知名的茶道業師。她想建議阿利老師讓公司同事舉辦讀書會一起來讀我的書。我便告訴雯琬，若阿利老師喜歡我書中的內容，覺得可以幫助她公司業務的成長，我非常樂意到她公司分享一堂課，一起共學業務精髓。

雯琬熱情傳達了這個訊息。更讓人感動的是，優雅的阿利老師，竟然親自打電話給我，對我願意到她公司分享課程表達謝意。接下來幾年內的劇情發展是，我不僅幫中美兄弟的外部業務人員上課，還對他們全公司的內部同仁做了數次的商業心法演講。獲得大家的迴響之後，更進一步，阿利老師又邀約我，在全省上千家的經銷商各大藥局，年度的教育訓練課程中，分享顧客經營之道。

回頭來看，因為我的好奇心而認識雯琬，再接著認識生命中的貴人阿利老師，竟帶給我豐沛的人脈資源。除了書多賣了數百本以外，也結交好幾位新朋友與藥師，這種種善緣下來，我簡直是最大的受惠者。

以上這兩個故事都是對人「感興趣」，進而產生對我「很有用」的真實案例。當然，前提是「感覺舒服」。讓我再說一遍，多認識感覺舒服的人太重要了。至於感覺如何精準不失誤，我的建議是，**多與人互動往來，就會有大數據可供參考**。

我相信，每個人偶爾還是會踩雷誤交損友。做法無它，只能趕緊轉身，離開這種人，這樣比較舒服啦。

如何快樂的做自己？——自我探索與影響力

時常受邀到各大學演講。百分之七十的主題會圍繞在「職涯規劃」這個學生比較關心的議題，其餘的部分會聊「投資理財」與「餐飲實務」這兩個我的老本行。總之，都是很生活化也很實用的講座。

「男怕入錯行，女怕嫁錯郎」是古時的俗語。這個觀念時至今日我覺得已經有所改變，因為現代女性也很怕入錯行啊。簡言之，只要走入職場的工作者，不論男性或女性，都需要找到屬於自己的好工作。

那什麼是**好工作呢**？我覺得條件至少有三種。一是**喜歡這份工作的內容**，越做越有成就感；二是**能力可以負荷**，但又認為還可以進步；三是**至少可以賺到錢**幫助自己；長遠又能幫助別人，讓世界更好。

工作是讓自己發現更好的自己；好工作是讓自己能快樂的做自己。那重點又來了，如何快樂的做自己呢？這又要回到「自我探索」這個內在層面的議題來加以剖析。

我不是心理學家，「自我探索」這個名詞就交由大師定義。但依我的生活經驗與人生閱歷，我覺得自我探索有四個重要的元素必須具備。分別是：

一，**個性**：了解自己的人格特質是首要任務。經由自我覺察或外在分析，了解自己是外向還是內向；是動態還是靜態；是樂觀還是悲觀的人。當然隨著年紀增長與多方見識，有些人的個性會改，這都無妨，只要了解現在自己的個性，對於找到自己是一個什麼樣的人就有很大幫助。

對於自己是一個什麼樣的人，有兩個面向可以對照。一個是自己認為，另一個是別人怎麼看你，如果兩者的說詞很接近，應該就八九不離十。比如說，我認為我是一位熱情的人，我周遭的朋友也是這麼說，那熱情就是我的標籤。

二，**興趣**：不用勉強，自然而然喜歡做的事情就是興趣。試想，一個人總是做自己有興趣的事和做自己沒有興趣的事，哪一種比較快樂呢？當然是前者。所以說，找到自己的興趣是自我探索的一部分。如果興趣又能當飯吃，當然更好。比如許多職業選手，從小喜歡運動，長大後又能將熱愛的運動變成賺錢的能力更是棒。

興趣一部分是天賦，一部分是後天培養。我會告訴學生與社會新鮮人，盡可能在年輕沒有太多包袱時，勇敢闖一闖。多閱讀課外讀物，找到創意思考的工具；多請益前輩，讓自己學習可以更快也更好。

三，**夢想**：人生有夢，築夢踏實。短期稱目標，長期叫夢想，不論是長是短，知道自己人生道路該何去何從。這是一種超前布署的計畫，縱使有時候計畫會趕不上變化，但相較完全沒有章法，也就比較能了然於心，不會憂慮與慌張。

每次在學校演講，我總是要求學生寫下自己的人生夢想。很多學生都會一臉茫然看著我說，老師，我沒有夢想，我不知道出社會之後要做什麼？我的建議會是，先了解自己「個性」，再找出「興趣」，「夢想」就有機會出現。也就是自我探索的前三點。

四，他人：人不可能獨居而生，一定要過群體生活。所以人際關係的建立與溝通便是生活常態。與人同贏，是自我探索最高等級。因為人性算是自私的，一定會先想到自己才顧到別人。如果能盡量縮小自己，放大別人，就是了不起的自我修練。

培養「同理心」與「慈悲心」是人生道路上的重要功課。獨樂樂不如眾樂樂；能夠分享就不要獨享；施比受更有福；吃虧就是占便宜，這四句話都是我常常告訴聽眾的。當你願意為他人付出時，也就代表你的幸福指數比一般人還要高。因為助人為快樂之本啊。

總結來說，**「個性」會讓自己知道是一個什麼樣的人；「興趣」會讓自己找到**

天賦與熱情；「夢想」是驅動自己往更進步的道路前進；「他人」是與人共生同贏的協奏曲。只要朝著這四個面向思考，對於自己是誰，就有清晰的輪廓可以驗證。

了解對內的「自我探索」後，接下來可以評估自身的「影響力」。也就是說，當確立自己是誰後，可以試著了解我們在別人心目中到底是一個什麼咖！就如同我前面所述，避免自我感覺良好，可以請旁人給我們好的點評與指教。

許多媒體雜誌，每年總會評選全球的百大風雲人物，這些人的影響力甚大。有些可能是政治人物、運動明星或是商業名人，但還是有名不見經傳的小人物入榜，代表著一種良善精神與不可忽視的力量。

我試著把影響力拆解成兩個部分。一個是自己；一個是別人。

自己怎麼產生影響力呢？我認為是「信心」所致。關於信心又可以分為兩部分，一個是內在的「做人態度」；一個是外在的「專業素養」。如果兩者兼具，自身的影響力就會形成。

另一部分的影響力會來自別人的支持。主要關鍵是「信任」造成。信任也可以分成兩部分來說，一個是「信用」，就是你是不是一個信守承諾的人，會決定別人對你的看法；另一個是「關係」，意指彼此的連結程度有多高，關係越深厚，支持度當然越高。

結合自身的信心與他人的信任，就是影響力的加總。而影響力也就是打造「自我品牌」的必要條件。我個人認為，經營個人品牌有三個關鍵字需要具備。第一是「真誠」；第二是「專業」；第三是「利他」。我很喜歡法藍瓷創辦人陳立恆總裁告訴我的一句話，他說：「做人就是做品牌。」所以說，每個人只要把自己的天賦與特點發揮出來，人人都是獨一無二的好品牌。

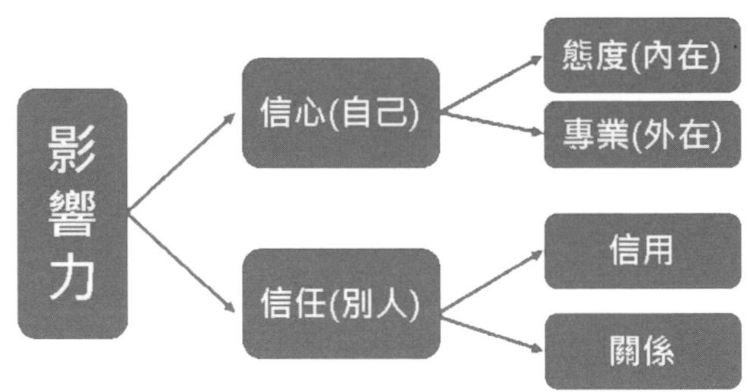

幾年前，我曾經到墾丁國家公園散步，走在公園裡，我拍了一張照片，一張有一條羊腸小徑蜿蜒崎嶇的步道美景。回家後，我用這張照片的意境寫了一首詩。這篇文章，就用這首詩做結尾，祝福正在閱讀的你，成為更好的自己。

幽微的小徑
會引領我到哪裡呢
我不會知道
你也不會知道

唯一能做的
就是一路前行
或許前路綿延無止盡
或許轉個彎就有桃花源

這像極了人生

你能做的就是繼續走下去
可以休息可以發呆
但不能沒有逐夢的熱情

活著就是一種恩賜
你必須微笑面對
雖有悲傷挫折與無奈
但終究是人生的況味

冒險才有樂趣
失敗不足畏懼
你不用贏過別人
儘管成為更好的自己

心之所向——你會成為怎麼樣的人？

年近半百的我，感覺越來越像哲學家。不管是在演講場合或與人閒聊的時候，總會問聽眾或朋友，人生到底在追求什麼？感到最幸福的時光是何時？最大的成功與成就又是如何定義？我相信很多人幾乎都是陷入沉思當中，因為壓根沒想過。

那又為何沒想過呢？光是要為五斗米折腰，哪有時間想夢想？因為人在江湖身不由己，哪有志向可言？人在屋簷下不得不低頭，哪有願景可期？真的是如此嗎？我想，這都是理由，都是藉口，都是少了對生命探索未來所致。

回到想要當哲學家的我。我樂於思考好多問題。比如，我是不是真的快樂？

我是否有走在夢想的道路上？我有能力幫助更多人嗎？我是不是一個懂得感恩的人呢？這些林林總總的自問自答，讓我扎實的活著。

如果一個人命會好，到底是什麼原因造就的？到底是什麼狀態下會發生？這是人生一輩子的好問題。而現在的我相信，應該是「個性決定命運」吧。

個性，看似抽象的詞，如何去定義呢？我試著用我的生活經歷去爬梳個性的脈絡。記住，這是我的人生旅程，不代表一定適合你，僅供參考。但若是對你有所啟發或幫助，這也是好事。更要記住，不是哪種個性就一定成為哪種人，個性是每個人生活經歷的產物，「如何創造自己喜歡的個性」才是關鍵。

簡言之，每個人會成為怎麼樣的人都是自己心之所向的結果。

我用十年當一個區間，回想其中的心境。十歲前是童年；十到二十歲是少年；二十到三十歲是青年；三十到四十歲是大人；四十到五十歲是成熟的大人。五十歲過後的人生應該是智慧的大人。但我年紀未達，等我有所體悟，再告訴你吧。

童年：這段時期，可以確認受到家庭生活的影響最大。可能是父母親、祖父母，又或是兄弟姊妹，這些家庭成員的行為模式，會造就自己的人格特質。我很慶幸生在和樂的家庭環境裡面，父母親幾乎沒有給我課業上的壓力，兄弟姊妹彼此的相處也很融洽。當一切沒有刻意而為時，我童年的生活算是快樂的，可以自由自在的成長。我認為，除非有重大事故或不堪的記憶，否則十歲之前的人生經驗，對未來影響不大。

少年：求學階段的大半幾乎都落在這個時間。學生是此時的代名詞，課業與考試是一場又一場的夢靨。對「壓力」開始有感；對「得失」更加在乎；對「自我表現」顯得重視，個性會隨著交到什麼朋友或同學，而有很大的變化。人在青春期顯得浮躁善變，對人的喜惡，有自己的想法。外顯的個性容易判斷，但內心的世界仍屬於捉摸不定。

少年時期之於我，彷彿是一場華麗的旅行，對世界開始感到好奇，對未來稍有規劃期待，但仍處於保守心態，只知道大學畢了業，能找份好工作就是幸福。我的個性在此階段算是內向拘謹，對人際關係沒有太多想法，基本上還是以自我為中心，先把自己顧好再說。

青年：開始出社會成為新鮮人往三十而立的階段邁進，也逐漸知道名片上頭銜的稱號與收入會成正相關。此時的角色多元，還是爸媽長輩心中的孩子，有些人已婚，甚至是新手爸媽。在企業裡，也有可能是基層員工或是被老闆重用的幹部。

我覺得，這個階段的人生會是一個分水嶺，你可能有機會打順手球，一路攀升到底，成為人生勝利組；也會發生諸事不順的撞牆期，被點評為人生失敗組。但也因為失敗得早，如果鬥志滿滿，對未來不失去信心，都還有反敗為勝的機會。個性的發展與調整，在此階段較容易定型，但也有少數人變化頗大。

回顧自己的青年時期，我體會了三件事。而這個階段的後期，也是我人生重大轉捩點的開端。首先，面臨親人的離世，突然間發現人生不一定都是生老病死，循序漸進的往下走，有可能一個意外、一個病故，生命就殞落。所以第一個體會是，**活在當下，即知即行，不留遺憾**。

第二，發現賺錢很重要，沒有收入的人生很可怕。會有這種想法是，自己有了家庭，有了房貸，若不掙點錢，會有溺水的危險。我清楚知道，錢永遠賺不完，但至少要夠用保平安，所以我也努力學理財，盤點自己的收支，除了有薪水收入，也要靠理財致富。所以第二個體會是，**錢不是萬能，沒有錢萬萬不能**。

最後，與第二點會有關聯，知道在工作上若有好表現，可以升官又加薪，就能賺比較多的錢。而好表現可以分成兩個面向，一是做事的能力，二是做人的態度。做事不難，好好磨練即可；做人不易，處處有菱有角。經由幾年的職場經驗歷練，我發現「人際溝通」是做人的核心要角，懂得溝通的人，有比較大的機會吃香喝辣。所以第三個體會是，**會做人比會做事來得重要**。**而對人好一點的價值觀，也慢慢成為我「與人為善」的個性**。

大人：三、四十歲這個階段，是人生能否攀上顛峰的關鍵時刻。或許此時還沒爬到最頂峰，但自己會明白能不能攻頂成功，除了靠自身的努力外，更重要的是，必須要靠團隊的加持更是關鍵。這時候的你，已經小有社會歷練，也有一定的口碑風評。別人評核你的表現，不再只是學經歷的專業考量，還有待人接物的各項指標，比如個性是不是好相處的人，是不是一個誠實可靠的人，是不是樂於分享的人。這種種關於好的壞的標籤，會成為一輩子的跟隨。

大人的階段對我人生旅程至為重要，尤其是下半場。有著十年以上工作經驗的底蘊支持；有著領導統御指揮若定的能力肯定；有著好學不倦持續學習的態度不變，我好像升級一個檔次，驅動我大步向前，往人生的夢想境地邁進。

不到四十歲的我，早已當上銀行的分行最高主管，對於想要攀爬更高的位置，有著堅毅的鬥志與渴望的動機。若回頭來看，這會是我人生的重大里程碑。這個階段，我抱持著「**天涯必定有知音，職場必定有貴人**」的謙卑心態，讓老闆喜歡我，同事親近我，也讓朋友信任我。我安靜回想會有如此幸運的機緣發生，絕對和我的個性有關。

如同前面所述，我在三十歲不到的年紀，就發現無常才是日常的道理。對於「得之我幸，不得我命」的觀念也就更加確信。但前提是，我真的已經努力過了，也就不留遺憾。這種面對困境的勇氣，和接受事實之後迅速轉念的態度，應該是幸運的心法。

成熟的大人：這個時期，是打人生下半場的開端。若有經過中場的休息與沉澱，應該會找到如何打好下半場的策略與方法。上半場若是領先，你一定會規劃如何繼續贏下去；上半場如果落後，多數人也會思考如何反敗為勝，只有少數人會想要棄賽，荒廢人生。人生的個性，在此大勢底定。除非有特殊事件影響，比如宗教因素、貴人出現等等，否則下半場的打法，會以保守應對，安全為上。簡言之，你在家人朋友的心中是怎樣的人，幾乎被定調了。

從大人的階段再到成熟大人的階段，我想差異就在「成熟」兩個字，而我對成熟的看法，可以用兩句話解釋，就是「**思慮周延**」與「**縮小自己**」。思慮周延我的看法是，因為經驗變多了，犯錯的機會也會減少，正所謂「薑是老的辣」。縮小自己代表更懂得虛懷若谷，謙卑禮讓，這是一種敬天謝神的心胸。

回顧近十年的人生，我覺得我從大人的階段，帶了兩個小幼苗，繼續走到成熟大人階段讓它成長茁壯。第一是「**公益**」，第二是「**人脈**」。關於公益，是一種自己好也要別人一起好的作為。在別人的需要上，看見自己的責任，彷彿是我一生的使命。關於人脈，隨著在生活上有機會認識越多人，結交更多的朋友，我益發覺得，**人脈是一款舒筋活血的特效藥**，**不僅可以保身**，**還可以助人**。這帖良藥，值得一輩子服用與分享。

小時候的我，是一位內向害羞、木訥寡言的學生，表現普通也乏善可陳。隨著出社會之後，老天給我機會，讓我從事業務工作，慢慢變成一位外向隨和、熱情愛笑的年輕人，再加上貴人相助扶攜，讓我持續精進，越來越好。

現在的我，性格豪爽，熱愛生活，開始用減法去過小日子。對於新事物仍然保持好奇心學習；對於朋友的往來抱持隨緣的態度；對於人生的未來懷著樂觀的心態面對。能有這般「雲淡風輕」的感受，我覺得還是「個性」所致。

不論你現在是處在人生的哪一個階段，我衷心建議，培養「慈悲」與「感恩」的心胸，會有利於往後人生的發展。關於人生，我想說的是，「快樂」就好。

輯二

從陌生人到朋友

初次見面如何建立新友誼

走出台大醫院捷運站二號出口。我站在行人紅磚道上，拿出手機開始導航如何前往「張榮發基金會國際會議中心」。查詢當下，突然身旁有一位賣早餐的婦人對我說：「先生，你是不是要去張榮發基金會？」

一聽到她的回應，我有些驚嚇，忖度著這位婦人未免也太厲害了吧，怎會知道我的行蹤呢？基於紳士風範，我笑笑的回應這位婦人說：「是啊！」她馬上非常熱情地對我說：「你就直走，然後右轉，遇到紅綠燈再左轉，看到有一棟高樓就是了。」

這趟一早從台南到台北的行程，是我的學習之旅。為了上這門課，我必須要比平常上班更早起床，然後搭七點的高鐵，才來得及上這一整天的課。住在南部什麼都好，物價低，人不擁擠，步調較慢，停車方便，我有一百種理由選擇住在南部。但，只有一種狀況，讓我極度羨慕住在台北的朋友，就是上課、聽演講的機會多到爆。而我每次為了學習成長，只能花更高的成本與時間，才能得到與北部人相同的效果。

後來我自行轉念，想說每一次到遠方上課就是一趟小旅行，能夠認識新朋友，也能夠走在異鄉的街道上感受新事物，不啻是一種新鮮體驗。更何況，學習之後所帶來的知識提升與滿足感，才是寶貴的經驗與回憶。

我謝過這位賣早餐的婦人後，也用台北人慣常的匆忙步伐，走向張榮發基金會國際會議中心。但，只往前走了十秒鐘，我的腦袋突然給我一個訊息，「這位婦人給我報路，我應該買她的早餐當成答謝禮才是。」

毫不猶豫的，我轉頭回去找這位婦人。她看到我便是一陣微笑，以為我又要問路了。我說不是的，我想要買早餐。她竟說：「只剩下一盒水果與蒟蒻，今天生意太好，全部賣光光。」其實我也吃飽了，我買了水果，想說中午吃完便當可以配，也真是剛好。

抓住這個交易的小空檔，我便和這位婦人閒聊。她姓葉，家住中和，每天固定早上六點半在捷運站出口販售已經盒裝好的早餐。通常生意好，八點半前可以賣完，若生意慘淡會到十點才收攤。我發現葉老闆有三個特質讓她生意特別好，第一，具有服務業熱情的特質；第二，非常雞婆願意和路人多互動；第三，客製化餐點，這一點是我從要離開攤位時聽到的。因為剛好有一位客人要買某一項餐點，現場只剩下蒟蒻，葉小姐竟然拿出名片告訴這位顧客說：「你下次可以事先打電話給我，我幫你準備，這樣就不會買不到啊！」哇，十足綁樁客人的行為。

我的一個小念頭，讓我一回頭認識一個新朋友不打緊，又讓我領略服務業的好故事。

按照葉小姐的熱心報路，很快的我就找到上課的地點。走進大教室，才發現今天上課的人數將近兩百人之多。心理又有一種感覺，怎麼台北人這麼熱愛學習啊！難怪乎，許多住在台北的講師好友曾經對我說，北部的知識分子有一種知識焦慮症，比南部人嚴重許多。

我選了較後排靠走道的座位入座。而坐在我身旁的是一位年輕的ＯＬ，她和她公司的同事一起報名參加比鄰而坐。通常，每一次的上課，我都能認識一些新朋友，這是參加課程的附加價值。主因是老師都會執行小組討論，這時要不認識新朋友還真的很困難呢！

一整天的課下來，老師有許多案例需要兩兩討論，也就讓我有機會和身旁新朋友建立友誼。她姓劉，英文名字是Fanny，一位長得甜美又大方的上班族，在某家大公司負責人力資源的發展業務。經由幾個案例討論，我發現Fanny的思緒清晰，商業思維能力極強，和她討論個案的問題分析與解決非常愉快有效率。

人與人之間，當多了一些資訊與了解之後，也就較容易卸下心防和對方聊自己的人生概況。關於這一點，我算是蠻有經驗的，我不會一開始就問新朋友的私人問題，因為這會顯得唐突與沒禮貌，比如問，年紀、學經歷、婚姻等。

我會從有限的線索了解對方。比方說，我會問 Fanny 為何會想要來上這次課程，是公司集體報名還是自己想要來？當她回答是公司幫他們報名的，我又可以從中問她，公司的教育訓練政策是如何協助員工成長的？然後再請教她，對於自我學習與職涯規劃又是如何看待？

這一連串的問題與回應，經由聊天與互動，我大抵可以知道她的相關背景與想法，對於建立新友誼是非常有幫助的。當然，我自己本身也要讓對方感到好奇與新鮮，也是促成彼此更熟識的臨門一腳。比如，我告訴她，我是專程從台南到台北上課、又說我是自掏腰包主動來上課、再說我希望學完後可以拿回去教同事們成長。當我聊到這邊，許多人也就會對於我的學習動機感到強烈的好奇。接著，就能蹦出許多議題，繼續聊下去。

關於建立新友誼，我有三點建議。第一，**第一印象很重要**，穿著、笑容、肢體動作都是重點，不要讓人感到討厭；第二，**不要一開始就問私人問題**，這是大忌；第三，**交談間，要言之有物，態度誠懇**，讓人感覺不壓迫，也會對你這個人產生和善感與好奇心。

美好的結果就是，我和劉小姐加了臉書與Line，也在不久的將來請她來參加我的演講活動，讓友誼持續，有機會再聚。當我結束一整天課程，搭高鐵回到台南時，我收到Fanny的一則簡訊，她寫說：「我很幸運，獲得比課程更珍貴的資訊和經驗分享，今天的談話內容和建議都值得我好好的思考，也祝你身體健康一切都好。」

真好，早上葉小姐的熱心與水果，開啟我一整天的好心情；接著劉小姐出現，讓我認識一位學習力很強的新朋友。

對於「學習成長」的小旅行，我只會持續，不會中斷。

人際溝通的破冰心法

這個故事發生在我還在迷客夏任職的時期。

有一年母親節的前一個假日，我到一家常去的簡餐店外帶午餐。或許是恰逢用餐時刻，店內人潮眾多，老闆告訴我必須要等二十分鐘，我說好的，我等一會兒來拿。

關於排隊等待，我是比較沒有耐性的。所以填完單之後，我就到街道外頭走走。因為我所在的地方是台南中西區，算是觀光客匯聚較多的區域，也因此，這裡有很多各式各樣的商店。

我走在騎樓裡，看到了一家賣手工皂的小店。基於打發時間與吹吹冷氣的心態，我便走進去逛逛。

一推門進去，小屋子內的香氛味道隨即撲鼻而來，讓人有股身心舒爽的感覺。這時，一位女士馬上對我打招呼，並且告訴我，母親節有活動特惠，禮盒有打折喔。我點頭示意，也就開始環顧四周，除了瞧瞧手工皂商品外，也對店內的狀況打量一番。

在這約莫只有六坪大的店內空間，只有我一名顧客。屋內兩旁釘有木板陳列架，展示各種香皂禮盒，而中島櫃則是擺放不同品項的手工皂，我看到有玫瑰、香茅、檜木、薄荷等。這些手工皂色澤五彩繽紛，讓人賞心悅目。

不算我在內，店內還有五個人。除了剛剛提到的女老闆，還有一位中年男子，也就是女老闆的先生。另外三位都是小孩，有國中、國小與幼稚園班。很容易猜得出來，他們是一家人，可能要配合媽媽開店做生意，全家一起出動顧店。

我一邊問手工皂的屬性與製作成分，以便知道我的膚質比較適合洗哪一種。

也一邊與這對夫妻檔聊小孩子的教育經。關於熱絡聊天的氣氛，我算是蠻有一套的，主因是我當過數十年的業務，知道如何破冰。

關於人際溝通的破冰做法，我的經驗有三點：第一，**先找「大眾化」的議題切入**，也就是大家都知道的事情開始話題。第二，**再用「聚焦式」的看法增溫**，讓話題可以不斷的被炒熱。第三，**最後用「讚美法」的表達收尾**，為下一次的見面鋪陳。

以當時狀況來說，因為有小孩子在現場，我就會向大人多聊一些教育的想法與觀念（大眾化）。但我不會一開始就問別人孩子的隱私，例如讀什麼學校、成績怎樣？這算是太直接的問題，會讓對方怯步。應該要問孩子們在學校喜歡做的事情是什麼、父母親希望孩子在學校成為怎樣的人，慢慢打開話匣子，取得更多信任之後，便能暢談無阻。

如同前面所言，老闆有三個小孩，我們就聊老大在國中的上學狀況當話題（聚焦式）。我將目光掃到這位國中生，試圖問她一些問題，讓她也有機會參與聊天。

原本我以為這位國中女孩會是樂意加入聊天的。但我發現她好像沒有太大的意願，甚至面露小哀怨的表情。後來我才從她父親口中得知，她其實不想出門到店裡，他只想要在家就好。

當我得知這位國中生的苦惱，我講出一個彩蛋。我說，小妹妹啊，你喜歡喝迷客夏的飲料嗎？叔叔我在迷客夏上班喔。我請你喝一杯好嗎？想不到小女孩聽到「迷客夏」三個字，眼睛馬上亮起來，頻頻對她媽媽說，迷客夏的芋頭鮮奶好好喝喔。

我隨即對小女孩說，和妳爸媽聊天很愉快，叔叔我下星期再來時，帶迷客夏請妳喝好嗎？只見她一直說好，挺開心的。

再將話題主角繞回爸媽身上，除了我決定買一個母親節禮盒外，也對他們教養孩子的做法給予稱讚。我說，許多爸媽為了做生意無暇管教，可能會把孩子丟在家裡。你們卻是樂於陪伴，讓孩子免於恐懼（讚美法）。

結束談話後，我帶著禮盒走出門店，準備到簡餐店拿我的便當。當下突然有一個念頭在我心中升起。「為什麼我不現在就請小女孩喝迷客夏呢？如果等到下周，小女孩會不會沒有在店裡？」當我這麼想的時候，又有另外一股聲音響起：「她爸媽會不會拒絕我？況且我已經跟她說下周了，會不會太唐突？」

我想要「請客的意念」大於一切。但我遇到一個棘手的問題，就是我沒有時間到附近的迷客夏門市購買飲料，然後再送過去。因為我有下一個行程必須準時赴約。我只能到門市購買後，請飲料店的店員幫我外送。

就這樣，我快速拿完便當後，驅車到迷客夏門市買大甲芋頭鮮奶五杯。買五杯的原因很簡單，就是讓他們全家人都可以喝到，而且更愛迷客夏。

此時，又有另一個問題會發生。就是要不要打電話提早告訴手工皂老闆我要請他們喝飲料這件事。如果講了，她拒絕我，好意就白搭了。如果不講是我送的，等飲料送到後，他們會不會不敢收。

所以在要不要打電話這件事，我思索了一下子。最後不知哪來的創意，我竟然想出了一個好方法，就是要打電話，但是也讓這對夫妻檔無法拒絕我的方法。

因為店員告訴我，二十分鐘可以將飲料準時送達。我便在十七分鐘後，才打電話給老闆。這通電話我是這麼說的：「哈囉，老闆您好，再三分鐘之後，迷客夏的店員會送五杯芋頭鮮奶給你們全家，一人一杯，希望你們喜歡喔。」

你可能會問我，為何是十七分鐘後才打。其實這是考量人性的心態所致，也是一種業務心法。簡言之，當只剩下三分鐘，你告訴老闆這個訊息，代表店員的外送車已在路上，真的很難拒絕我。

果不其然，老闆接受我的請客，只是一直對我說，真是不好意思啊。

若沒意外，這個因為買便當，順道買手工皂，又順便請喝迷客夏的故事到此就畫上句點。結果並沒有。兩個小時後，我的手機跳出一個陌生私訊。打開後是這麼寫的：謝謝招待的飲料。

原來，這位老闆的先生從臉書找到我的帳號，傳了訊息給我。我回訊給他，想到小朋友明天就上課了，希望姊姊的笑容可以為你們多做一些業績。「有的，她邊喝邊微笑了。」

這幾年過去了。我與這家手工皂小店產生更深的連結。除了買自己要洗澡用的肥皂外，也會買店內精緻的禮盒送給朋友當成見面禮。

我很享受這種意外的驚喜緣分。只要用心過生活，這種交新朋友的戲碼幾乎每天都在上演。

是「朋友」不是「客戶」——關於發ＤＭ這件事

當我剛進銀行業時，我是一名放款部門的菜鳥業務。因為沒有客源基礎，若是想要開拓業績，除了打陌生的行銷電話外，主管也會要求在銀行附近的商圈店家發ＤＭ。

發ＤＭ這檔事或許大家都明白，但真正敢發的人應該不多。因為怕被拒絕，或是覺得難為情。尤其對有「偶包」的人，更是拉不下臉去發。另外有一種人也會抗拒發ＤＭ，就是認為發ＤＭ是低學歷在做的事。我遇到的這種人算多，說穿了，他們會認為發ＤＭ算是卑微的工作。總覺得多讀一些書就不應該發ＤＭ才對。

相反的，**我其實很喜歡發ＤＭ。當然重點不是「發」，而是藉由ＤＭ這份媒介，讓我有機會與人接觸聊天，進而認識新朋友**。而這也是我常常告訴同事的，發ＤＭ不是「結果」而是「緣起」。目的是建立與人連結的機會，後面的善緣會多強大，你實在無法想像。

回想過往的業務生涯，我因為發ＤＭ而結交到的朋友不計其數。請讀者注意我這邊寫的是「朋友」而不是「客戶」。原因很簡單，發ＤＭ最後能成為客戶的少；但發ＤＭ之後，雖然被拒絕，但成為朋友的多。所以說，發ＤＭ只有百益而無一害啊。

為什麼會聊這麼多關於發ＤＭ的陳年往事呢？因為在我身上發生了一件名為「感恩」的小故事，這和發ＤＭ有關。

事情是這樣的：有一回下班後，我又到公司附近的商店發ＤＭ。這次我選定勝利路與東寧路商圈，當年這兩條路有許多賣衣服與開餐廳的小店家。

「您好，我是華信銀行（現在是永豐銀行）的行員，這是我們銀行的存放款活動訊息，給您參考……」我挨家挨戶面帶微笑的拜訪店家。若對方有興趣，可以小聊幾分鐘，甚至大聊一小時都有；若對方很冷漠，就往下一個店家繼續。

關於冷漠的態度，我幾乎不受影響，因為我知道這就是人性。對方不認識你，防備是必然的。但只要保持微笑，講話得體有禮貌，就有機會讓對方對你感到好奇，進而開啟談話機會。這是大數法則，只要不怕挫折。

我發到一間小小的服飾店。接過ＤＭ的是一位年輕女老闆。我告訴她，若有房貸轉（增）貸需求，可以找我評估，若是利率有比現在的銀行更低，可以降利息是很好的事。

這位女老闆告訴我，她沒有需求，但卻告訴我，可以找她的小叔，或許有機會。她說，前幾天有聽她小叔說想要轉增貸。她抄了電話給我，也在當下打電話給她小叔，說有一位先生明天會與他聯繫。

我向這位女老闆道謝後，繼續往下一家發ＤＭ。

非常幸運的，這位女老闆的小叔，沒有花我太多的力氣，就成為我的房貸客戶。這個案子，我除了感謝客戶的信任外，也非常感謝那位服飾店的女老闆。因為是她的介紹，才讓我有這筆業績。

這些年來，只要開車行經勝利與東寧商圈，看到服飾店的招牌，都會想起這位女老闆的介紹恩情。總覺得，這件業績是我業務生涯很幸運的記憶。

後來，不知經過幾年後，有一次我再從那附近經過，突然發現服飾店的招牌不見了，已經換另一個名字繼續營運。當時我心想，會不會老闆退休了，沒做了。心中有一股淡淡的愁緒升起。

想不到，就在某一天的晚上開車行經市區時，竟然讓我看到當年一模一樣的招牌。我趕緊將車停好，想要找這位女老闆。目的很單純，就是再向她說聲謝謝而已。

一進門，一位年輕女店員向我打招呼，問我有什麼事？我問她說，這間店的老闆在不在？店員說今天不在，明天才會來。

事隔二十多年，我有點忘記女老闆的名字，便冒昧的問店員老闆的名字。可以想像，這位女店員，覺得我怪怪的，怎麼會問這麼多？後來經過我的一陣解釋，她相信我應該不是壞人，才告訴我一些關於店與老闆的資訊。

原來，這家服飾店的業績越來越好，基於店內空間不足，才會搬離現址，在距離原址幾百公尺外的地方重新開業。而我也就以為沒有營業了。

隔一天，我不死心，打算再來一趟試試，心想一定要見到女老闆，親自向她說謝謝。

對其他人而言，這句「感謝」到底重不重要我不知道。但，對我而言，卻別具意義。因為事隔十多年，讓我再度看到一個可能再也看不到的招牌名字，心中格外雀躍與興奮。我覺得這是老天的旨意，要我懂得感恩。

我真的再度看見這位女老闆，也親口向她說句「謝謝」。見面的開頭，她算是已經忘記我了，但經由我的提醒與分享，她終究想起有這麼一回事。

她笑笑的對我說，這是舉手之勞，真的沒有什麼啊！我告訴她，在我還是菜鳥業務剛萌芽階段，有貴人幫忙真的很重要。或許只是一句話的轉介，對我而言都是一種莫大的祝福。除了有業績的進帳外，更是建立自信心的關鍵。

我帶著我的書上門送她當成小禮物。除了簽上自己的名字外，也把「感恩」兩個字寫在書上。單純想表達多年來對她的謝意。

這個「感恩」的小故事，我想用以下這段話來詮釋這種心境。

「或許是信仰使然。每當在我身上發生好事，我都心存感恩，感謝老天的恩賜。若是發生不好的事，我都當成老天對我的考驗，要讓我從中學習經驗，增長智慧。多年來，這種想法與心態，讓我產生積極正面的能量，更相信，自助後，天必助之的道理。我信仰天，信仰愛，信仰希望，信仰生命終將找到出口。」

最後，我想要說的是，**「感恩」是宇宙最強大的力量**。

哥教的不只是搭訕

參加一場會議，從台南搭高鐵到台北。到了桃園站，坐在我身邊的乘客下車了，後來又上來了一位年約三十歲的年輕人。這位年輕人一坐定位，便拿出一疊厚厚講義開始閱讀。我斜眼一瞄，發現是金融業的授信規範。我確信這位年輕人應該在銀行上班才是。

此時的我，心中有兩個念頭徘徊，第一，我看我的書，他看他的講義，不用有交集，平行時空，互不連結；第二，搭訕他，和他小聊片刻，算是為這趟旅程增添色彩，也沒有損失。沒錯，我選後者，想和這位年輕人聊天。

我之所以動機強烈，不是沒有緣由，因為他正在看的講義，和我以前從事銀行工作太相關了，才讓我想要一窺究竟，想和他聊聊。

關於「搭訕」這件事，我算是得心應手，但也不會每次都得手，可是每一次「不成功」的經驗都讓我知道如何進攻與防守，讓下回不再失手。

我想要分享有一回也是在高鐵搭訕坐在我隔壁乘客的失敗案例。那一次的挫敗經驗，我偶爾會在演講「人際溝通」的場合提起，教大家避免和我犯相同的錯誤。

事情是這樣的：有一次，我從台北搭高鐵要回台南，座位旁邊坐了一位小資女也是到台南（我有看到她的車票）。我問台下的聽眾，如果真的「有目的」要搭訕，請問你會在「何時」下手。我給聽眾三個選擇。第一是桃園，桃園就開始搭訕可以聊最久；第二是台中，台中才切入聊天，可以多些觀察比較安全；第三是嘉義，到嘉義才搭訕雖然聊比較短，但不用天長地久，只需曾經擁有。

幾次詢問下來，我發現桃園與台中舉手的人是最多的。原因很簡單，就是可以聊好聊滿，當然最好。但是，當我說出我的看法時，這群想要聊好聊滿的聽眾幾乎都從椅子上跌下來，直覺我呼嚨他們。因為我說從嘉義開始聊最好。

我是這麼告訴聽眾的。那一次，我之所以會想要搭訕身旁小資女是有「目的性」的。二〇一四年的夏天，我助印《步向內心安寧》這本小冊子一千本，打算送給有緣的朋友。這本有能量的小書，教導我三件事。第一，開始為付出而活。第二，相信什麼，我們就全力以赴。第三，經由愛，我們就可以找到內心的安寧。我深深覺得很受用，因此用傳教士的精神發放。

在當時，我很積極的分享，不論認識與陌生，我都會開口問要不要這本小冊子。所以，當車子開到桃園站時，我便想要和她結緣一本。我自認講話得體，長得沒有威脅性，但是當我開始搭訕這位小資女時，她竟然感到害怕而離開座位，然後就再也沒有回來本來的位置（可能跑去坐自由座了）。我極度懊惱，讓一位小姐因為我的行為而逃離現場。

所以，我告訴聽眾，為什麼要在嘉義搭訕最好。原因有兩個，其一，嘉義到台南只有十多分鐘就到站，縱使搭訕失敗，都不會讓對方站太久（萬一自由座也沒位置），此時台下大笑。其二，如果搭訕成功，能聊個十多分鐘其實就夠了。那段時間足以加 Line 加臉書都不成問題。

「三折肱，成良醫」，這些年來，我對搭訕這檔事還算蠻有經驗的。我體會「搭訕」能力要提升，必須要具備三個基本功夫。

首先，**對「人」要感興趣**。簡言之，就是愛聊天、愛分享、愛交新朋友。如果連開口說話都懶，根本不會去執行搭訕這檔事。

其次，**要有適當「話題」去破冰**。就拿我上述的失敗案例，我也不是莫名其妙的開口說話，目的是要分享《步向內心安寧》。所以要有強烈的動機與恰好的時機。

最後，**保有雲淡風輕的「態度」**。就是抱持「有緣就聊；無緣也好」的心情去看待每一次的聊天。以禮相待，讓對方感到舒服是關鍵。

「你等一下要考試嗎？」我忍不住問座我身旁的年輕人。「是啊！你怎麼知道。」他訝異的問我。我說，你讀的講義是銀行的授信法條，我也曾經讀過。我接著補充，以前我也在銀行工作過，所以我才知道啊。

或許是「同業」緣故，抑或我能講出一些行話，他總算相信我了。我們就從桃園一路聊到台北。年輕人在官股行庫上班已經三、四年了，頂著國立大學研究所的條件，算是一位質優的金融從業人員。他這趟行程是要參加公司內部的升等考試。

我慎重問他，在以年資掛帥的官股機構，如何脫穎而出？他思考幾秒後，彷彿還是沒有答案，只是淡淡地回我說，就「排隊」吧。我說「不對」。我告訴他二個心法：一個是「逆向思考」；另一個是「順勢而為」。

逆向思考的意思是，當大家都是用「等待」換取升遷時，你就要思考如何表現更優異，讓自己容易被看見。

順勢而為的意思是，知道未來金融業需要的能力與條件是什麼？趕緊加強並補足，當機會來臨時，勝算機會較大。

聊到後頭，我再向他補充一點。就是「職場貴人」的概念。我告訴他，縱使再專業，表現很突出，如果沒有老闆賞賜，也是白搭。因為決定升遷關鍵的人，是那個願意給你機會的人，不能得他緣，哪有桃花源。

分享十多分鐘後，高鐵已經緩緩駛入台北車站，代表我們的談話即將結束。最後，我問了他的名字，並給他我的電話，希望他內部升等成功考取之後，可以告訴我好消息。

光陰荏苒，原以為和這位年輕人聊天的故事就此結束。想不到，我竟然在一年後的公司會議上與這位年輕人再度邂逅。天啊，這不是緣分，什麼才是緣分啊。

在那場會議上，我們四眼相向，彷彿在哪見過又一時半刻說不上來。當下，我覺得他眼熟，他也覺得我面善。後來是他上網搜尋我的名字，終於確認我們之前在高鐵聊過天。想當然爾，我們開心的加 Line 加臉書，變成只有遠傳，沒有距離的朋友。

關於這個善緣，我想要表達兩件事。第一，世間上所有的相遇都是久別重逢。第二，主動創造連結，未來得到好故事的機會比較大。

所以囉，哥教的不只是搭訕，還有搭訕帶來的幸福感。

只有開學沒有畢業的學分課

自從十多年前意外走上業餘講師之路，我便知道「簡報」是一門學問，只有不斷精進，才能繼續前進。看似「簡」單的「報」告，實則隱含深厚的心法在裡頭。

依我的淺見，簡報有四大重點必須完備。第一是「演說技巧」的展現，舉凡眼神、語氣、聲調、表情、動作、走位都是重點。第二是「受眾對象」的掌控，就是台下聽眾的身分是誰、聆聽的動機與目的。第三是「報告內容」的製作，包含字體大小、照片與文字的編排、色塊的運用等。第四是「自我投入」的程度，就是主講人對議題的熟悉度、是否會用故事打動人心，還有與聽眾互動的熱情度。

說實話，雖然我已演說數百場，但我還在學。簡報對我而言，是一堂只有開學，沒有畢業的學分課。

庚子年的秋天，我在臉書看到台大教授葉丙成老師要來台南開一日簡報工作坊的課，當下非常開心。因為這種含金量極高的課程幾乎都開在北部，對於住在台南的我，可以免去舟車勞頓，當然非常雀躍。也正巧開課時間在周六，我也就順便帶著念大學的兒子一起參加。我深知，能讓大學生提早學會簡報技巧，對於往後的職涯發展會有正向的影響。

眾所皆知，葉丙成教授是國內知名的教育工作者。好多年前，藉由邀請他來台南演講，進而與他認識，實則是我的榮幸。甚至，我的幾本書都能讓他掛名推薦，更是感激不盡。總之，我非常佩服他對教育使命的熱情，是我極致尊崇的典範人物。

上課這日是節氣的立冬。外頭陰雨，教室內則是熱鬧滾滾，因為課堂來了三百位學員一起共學。葉教授的魅力無法擋，經由我田野調查，來自高雄、屏東、嘉義的都算距離比較近的，我們同組還有來自台北的學員，也是被丙成兄的教學熱忱所感召，前一晚就下台南等待隔天的課程。只能說，搶到這堂課的人真的是賺到了。

對於來上課的學員身分，還有兩件事值得我來分享。就是在課堂中，我遇見好幾位老朋友。這代表一種意涵，就是我的朋友圈也都是熱愛學習的人。與其說是不期而遇，倒不如說是，因為走在成長的道路上，同行的機率當然很高。另一個重點是，因為分組學習，很容易交到新朋友。在一整天的課堂學習中，彼此有更多的交流交談，便有機會認識新朋友，這都是美麗的意外收穫。

關於課程的精華內容，我不便透漏太多。但有一個主題名為「電梯短講」是非常值得學習的。「電梯短講」顧名思義就是在規定的一兩分鐘內，向對方講完一個議題或故事。之所以會有這個練習，起因於多數人講話可能沒有邏輯重點，再加上聽眾也沒有耐心聽太多廢話，藉由搭電梯的短暫時間計時，練習把話說到言簡意賅，並讓對方買單的一種練習法。

葉教授希望透過這個演練，請大家想出一個好主題，然後找課堂中不認識的六個人各講一遍。經由六次的修正演說，讓時間抓得更精準；內容說得更精確；表達能力更上層樓。果不其然，每位學員在六次的震撼教育下，都有十足的進步。連我兒子都說他越講越好呢！

而這個主題練習，馬上讓我想起前些年發生在我身上，也是關於搭電梯發生的好故事。我也就用這個故事和六位新朋友分享。

我是這麼說的：

某一天，我專程到台北上課。上課教室在十樓，正要搭電梯上樓時，我看見宏碁電腦的創辦人施振榮董事長走了過來也要搭電梯。每每從電視與報章雜誌看到施董的相關報導，但從未有機會親眼目睹。我心想這次一定要好好把握與他聊上兩句。

我的業務魂即刻上身，轉頭向他微笑點頭，並向施董問聲好。當電梯門一打開，我請他先進去，問他樓層，結果是和我一樣的十樓。很幸運的，電梯內只有我和他兩人，提高了可聊天的機會。我也清楚，我只有一分鐘以內的時間可以和他說話，所以我必須在短時間內讓他對我印象深刻。

因為我知道施董生長於鹿港，所以我一開口就說我爺爺也是鹿港人，馬上得到他的熱切回應。此時證明「五同」是有用的，就是同鄉，同學，同姓，同事，同好。由故鄉切進話題，讓我們聊了二十秒關於鹿港小鎮的種種。

很快的，電梯來到十樓。我與施董便一起步出電梯大門。此時，我冒昧問施董可以和他拍張照嗎？他不假思索地回我說樂意啊！當天晚上，我把巧遇施振榮董事長的故事分享在臉書上，想不到得到破千個讚，這實在是一件讓人感到開心的事。但其實讓我最驚喜的是，原來施董也是來上課的。天啊！這真的是「活到老、學到老」的最佳詮釋。

上述的故事，約莫兩分鐘。正好是葉教授希望大家講完的時間。或許平常我就常講，對於時間的控制就更為精準。說個小插曲，我還因為講得太精采，讓一位來自馬來西亞的朋友追蹤我臉書呢！

「簡報」是「溝通藝術」、「故事行銷」與「製作技巧」的綜合體。說穿了，不僅是「做事」的技術，更是「做人」的態度。當中最重要的心法是對人性的體悟，這才是我所說的一輩子的功課啊。

跑步交友——農夫給我們的生命啟示

近十年，我有跑步的習慣。打從年過四十，我便清楚，經由運動維持健康的身體，是讓自己人生下半場可以持盈保泰的關鍵。

年輕時，我喜歡打籃球，那種奔馳在球場上，揮汗如雨，盡情嘶吼，是我紓解壓力的妙方。但隨著年紀增長，我發現，在球場上的衝撞度與高張力，已漸漸不能負荷。前幾年，當我與年輕小夥子在球場上鬥牛太激烈而閃到腰，從此之後，我便高掛籃球鞋改穿慢跑鞋。

與多數人到學校田徑場繞圈圈不同，我喜歡的跑步模式是街頭路跑，就是邊跑邊看路邊的風景，對我而言是比較好玩的。也因為自己長年住在鄉下，所以我特別偏好在田間小徑跑。更有趣的是，只要我在跑步途中遇到農夫，我都會好奇的停下來找他們聊天。此時，跑步的重點不再是幾分鐘跑完幾公里，而是交朋友或聽故事。

我想要分享三個因為在田野跑步與農夫邂逅的好故事。

第一個故事是：「改變的勇氣」。

某年還在嘉義上班的一個夏天，突發奇想，想要到台南白河區林初埤木棉花道跑步。開車不到半小時的車程，我就到了兩旁都是蓮花的田間小徑。或許不是假日的緣故，也可能不是木棉花盛開的季節，這裡車潮與人潮皆冷清，有的只是地上爬的蝸牛與天上飛的麻雀陪伴我。

傍晚時分，夕陽西下，加上一陣午後雷陣雨，整個田野微風徐徐，空氣清新，非常適合跑步。這是一種異常興奮的感覺，能徜徉在這條木棉大道，真的非常幸福。

住在這個村落的居民真的不多，所以在此運動的人也很少。在整個跑步的過程中，我只遇見一位慢跑者，兩位腳踏車騎士，而這三位有緣人皆回我熱情的歡迎與加油聲。

跑完後，我依舊散步在田間的羊腸小徑，繼續感受這片大自然送給我的禮物。後來，木棉花道駛入一輛休旅車。下車的是一位中年男子，他從車上搬出一袋看似肥料的袋子，然後便下田施灑。我好奇問他，這是施肥嗎？他說不是，這是一種植物性的肥料，要讓蝸牛不會爬到木瓜樹上吃葉子。

我與這位農夫寒暄兩句之後，話匣子一開，就聊了許久。他從小住在林初埤附近，木棉道兩旁只有他改種高經濟價值的木瓜，其餘的農民幾乎還是繼續種蓮花。我問他，為何他們不願意改種呢？他說，他們年紀都大了，改變必須要花更大的力氣與時間下田工作，又必須重新學習新事物，一來沒體力，二來風險高，也就日復一日，年復一年。

他告訴我，他的木瓜光是賣給附近的菜市場小販與固定批發的熟客就熱銷一空了。尤其，只要到了木棉花季，遊客如織，簡直是供不應求。他的田地是他阿公時代留給他的，至今三代。我問他，是否會繼續留給下一代？他說不會，因為他沒有生兒子，只有一個女兒，等女兒出嫁，應該會後繼無人。我想，這也是台灣農業的窘境吧。

我們聊得起勁，這位年紀與我相當的農夫，說要送我兩顆木瓜，而且告訴我，只要我想吃，都可以來找他拿。我說，這怎麼好意思，我也就跑回車上，簽了一本我的書送給他，當成彼此的友誼信物。告辭前，我們互加 Line，讓新友誼可以延續。

在回家的路上，我開心的不只是有可口的木瓜可吃。讓我更有啟發的是，這位農夫願意改變的勇氣，才是我最大的體悟。

第二個故事是：「健康長壽的方法」。

有一年的農曆初一，我用跑步開始美好的一天。照例，我跑在田間，徜徉在故鄉的懷抱中。空氣清新，蟲鳴鳥叫，好多農夫不因年假而休息，還是認真巡田，勤奮工作。我能做的，就是向他們道早安，說聲新年好。

跑到半途，看到一大片玉米田，幾位農夫已將採收的玉米筍放到桶子裡。我好奇地停下腳步和他們聊天。某位農夫告訴我，剛收成的玉米筍可以生吃，而且很甜。我露出不可置信的表情，一副怎麼可能的樣子。

想不到，這位農夫馬上剝開一支玉米筍，當場生吃給我看，證明可食。然後，他就送我一支，請我自己剝，也自己來一支。就這樣，我新年的第一口食物，竟是現採的玉米筍。

我和這群農夫聊了十多分鐘，得知他們這輩子都是以農作維生，非常的樂天知命。他們告訴我，身體健康又能長壽的方法，一**是要動**；二**是微笑**；三**是要有朋友**，**四是作息正常**。結束談話後，他們又送我好幾支玉米筍，讓我回家可以繼續吃。這是鄉下的日常，也是我喜歡的小日子。

第三個故事是：「種高麗菜老農教我的三件事」。

假日的黃昏，也是跑在自己的故鄉鄉間小路，跑啊跑，行經一片高麗菜園。田中有一位老農正在採收高麗菜。因為自己非常喜歡吃高麗菜，又在故鄉少見農夫種高麗菜，更引起我的好奇心，遂停下腳步與農夫小聊片刻。

在純樸的鄉村，當你願意先開口聊天，對方基本上都願意分享自己的看法。所以，雖然這位農夫忙於採收高麗菜，他還是樂意回答我的問題。在我和他聊天的數十分鐘，我從這位老農身上學會三件事。

第一，農夫說，他不是只做果菜市場的「批發」通路，也接消費者的「零售」業務。如此一來，可以避免風險過度集中；二來，也能讓產品賣到更好的價錢。原來，在傳統的農業買賣，也有現代的商業思維。

第二，老農種高麗菜已有二十多年的經驗，深諳高麗菜的種法與採收技巧。

知道如何在平地種出比一般人更好吃的高麗菜。專業加資歷，是他繼續存活的法寶。這印證「薑是老的辣」所言不假。

第三，跑步當天是假日，我問他為何不休息。老農笑說，這是自己的事業，沒有平假日之分。我思考的是，如果上班族將工作當成自己的興趣與職志，不要用數饅頭的心態過日子，應該會更快樂才是。

跑步與農夫，兩個看似不相干的獨立事件，卻成為我說故事的題材。我覺得最重要的關鍵是，永遠對人保持好奇，也對運動產生熱情，就會有新鮮事一直發生。

把別人的事當自己的事

好巧，同一天有兩位只有一面之緣的臉友來請教我關於「職場」的問題。兩位都是女生，經由閒聊我發現她們竟有兩個共通處。其一，年紀都在三十歲上下；其二，都剛新婚不久，超級幸福呢。

「把別人的事當自己的事，你的人緣一定好。」這是我常掛在嘴邊的一句話。人是群居的動物，不可能獨善其身。既然都會與人互動交往，那為什麼不對人好一點呢？

「為什麼不對人好一點」的原因很簡單，因為人性會自私，有仇很，愛比較，也會忌妒猜疑。甚至因為社會風氣敗壞，搞得人心惶惶，產生被害妄想症，縱使是良善的行為，也會擔心背後是不是有目的與企圖，導致人與人之間的情感更加疏離。

對於社會風氣的大趨勢，我雖然無力改變，但我還是可以做好自己的本分。盡可能在自己的社交圈，展現熱情態度，發揮微薄的影響力，讓我身邊的朋友相信，原來這個世界依然美好不受汙染，也樂於伸出援手幫助別人。

一個人的評價是要長期觀察與了解才能下定論的。你說，你是一個熱情的人，不用急著證明，就有人會幫你說你是熱情的人；你說，你是一個善良的人，不用說太多，久而久之就有人會說你是善良的人。總之，「時間」是證明一切的裁判，很公正，也很客觀。你只要朝著熱情或善良的方向走下去，大抵就能沾上邊。

這兩位臉友，大概就是經過長時間的觀察與了解才相信我是一位可以信任與請益的對象吧。但我想，也僅限了解我的人才會這麼想，我無法奢求每個人都認識我，也都了解我。你是一個什麼樣的人，除了自己知道以外，還是需要別人認同的。

就來說說我和這兩位朋友認識的起源吧。

第一位是小華。她住台北，在某家上市公司上班。會認識我的原因是，她參加一個讀書會，在台下聽到我的分享，進而追蹤我臉書好多年。但在她傳訊息給我之前，我從來不知道她的存在。

第二位是小惠。她住台南，在南科擔任業務的工作。因為朋友送她一本我的書才認識我。有一回她參加一場我主講「銷售」的講座，我們才加臉書成為朋友。

接著來說說她們遇到的問題。小華是她自己遇到的麻煩，而小惠是她先生遇到的痛點，因為不知道要找誰請益，才發私訊找我的。這兩個案例，我都不是在線上用文字處理，而是用電話和她們詳聊。我還是覺得，聲音比文字更有情感，更能產生同理心。

小華的私訊是這麼寫的：

冒昧打擾您，想請教您若一個職場環境總是酸言酸語，釋出友善也無法被接受，聯合起來孤立妳，時間長達一年半，讓我受不了。所以目前正在準備轉職，該如何在準備轉職期間做到對自己身心健康的保護？

真心喜歡您的貼文，謝謝您提醒著要感恩，也謝謝您一直以來陳述許多光明正向事情，或許在職場上我還沒遇到過，但也期待未來能成為像您這樣快樂富足的人。感恩。

讀完這段文字之後，我知道這個問題不是三言兩語就能說清楚講明白，所以我請小華加我的 Line，以便用電話溝通比較聚焦。很快的，小華就成為我 Line 上的朋友，開啟真實世界的交流互動。

「酸言酸語」、「聯合孤立」，這都是職場上任憑誰都不喜歡遇到的狀況，甚至是我們痛恨的鳥事吧。說實話，發生這些狀況，局外人是很難幫忙解決的，因為解鈴還須繫鈴人。多數只能給予建議，強化當事人的意志，避免傷痛加劇。

是啊！「山不轉路轉，路不轉人轉。」當小華在電話那頭告訴我她的無能為力時，我給她的建議只有兩個。第一，趕緊轉職，離開是非之地。第二，多與樂觀積極的人交往，多看正向陽光的書籍。

雖然我無法得知小華與這群同事過往的恩怨情仇，但我可以從小華給我的字裡行間看到，小華是一位懂得感恩的人。否則她不會想要找正能量的朋友請教她的棘手問題。

更甚者，我從聲音中，也能感受小華的溫暖，她愛笑也願意分享。或許這次她真的遇到小人，讓她痛苦；或許她必須犧牲現在的工作，去完結這段不愉快的職場經歷。但我還是祝福她，歲月悠悠，只要持續對世界微笑，願意用感恩祝福身邊的每一位有緣人，終究會找到職場的春天。

接著，來敘述小惠的問題。她寫給我的文字如下：

家德老師，最近另一半遇到職場問題，他在公司七年，最近兩年調到另外一個單位；他覺得自己做的很多，雖然能力好，但聽說是「政治因素」，考績還是不如一些很混的同事，因為已經這樣兩年了，最近因為這件事跟主管快鬧翻，可能會被裁員。我很想幫助他，有提議他可以跟主管講講看，看能不能挽回，他說照我的建議去講了，但因為都是講「事實」，聽說老闆更生氣了。

我告訴他，我希望他可以正面一點，說一些主管愛聽的話，但他就是不要，甚至覺得我這樣並沒有幫到他。我跟他的老闆又不認識，我知道他做得很辛苦，也很不喜歡現在的環境。但在公司，大家都是求一份薪水，到別的地方未必有更好的待遇。

請問有什麼方法可以協助他，我不希望他離職，但他又不願意跟老闆說一些好聽的話低頭。如果在這個環境待不下去，只能一走了之嗎？

瞧瞧看，這個問題是不是比小華的職場困境還要更難處理呢？尤其，我面對的不是當事人，若真的要給建議，還需要多蒐集相關資訊，避免便宜行事，造成不好的結果。

小惠的來訊，我歸納兩個職場類別來剖析，分別是「向上管理」和「工作目的」。

經過與小惠通電話，得知她先生是一位忠厚老實、不會阿諛諂媚的工程師。因為他相信只要認真工作，就能得到合理的回報，但事與願違，考績並沒有如實反映。氣得他找直屬老闆理論，導致演變成劍拔弩張的緊張關係。

我告訴小惠，他先生認真工作是對的，但在向上管理的關係上，必須要更圓融些。否則是以卵擊石，無濟於事。姑且不論他的老闆是不是昏君，員工終究要明白一件事，就是主管掌握打考績的實權，和老闆犯沖是討不到便宜的。

該怎麼做呢？若不想要離職，還想要保有飯碗，就是和老闆好好溝通。不一定要講好聽的話，但口氣與態度一定要讓對方感到善意。然後詢問老闆，自己是不是有沒做好的地方，先反求諸己，再尋求老闆的認同，最終達成共識。這是我建議「向上管理」的簡要模式。

再談「工作目的」這個大命題。如果問一百位上班族，為什麼要工作呢？應該有九成以上的人都會回答：「賺錢」。很簡單的道理，因為賺錢才能養活自己也照顧家庭。沒有錢，沒有經濟基礎，的確會活不下去。所以保有工作，讓自己可以賺錢這個想法沒有問題。

但如果再追問下去，賺錢的目的只是讓自己「生存」下去而已嗎？我想應該不只是這樣吧！應該還有讓自己過好「生活」的面向。也就是說，工作的短期目標是賺到生活無虞的錢。但長遠來看，是讓自己擁有選擇的自由才是。

小惠告訴我，他先生有規劃未來的生活目標，就是賺到錢之後，要開一家和自己興趣相投的小店。我回她說，這樣很棒啊！但是請她先生先想想，目前處在這種不舒服的職場關係，是不是還是要先改善呢？否則現在離職了，工作要再重新找，就會離想要開店的夢想越來越遠。

「小不忍則亂大謀」是我給她先生的忠告。當然，如果待得很不舒服，我還是建議他走人，否則身體與心靈都會受傷，也就得不償失。

我覺得，工作的終極目的是讓自己與他人都得到快樂。讓工作賺到的錢，來為自己成就更好的生活，也願意用錢去照顧社會上需要幫助的人。

一天當中接到兩則需要我幫忙的訊息讓我感到高興。因為這代表我是一位被信任的人。而我有意願幫對方一起找出解決的方法也是開心的，這證明我是一位有能力的人。

人生在世，有人脈相連；有人品相信，有人緣相挺，都是幸福之事。

人脈是世間最寶貴的資產

因為寫了《觀念一轉彎，業績翻兩番》這本書，我常常受邀到業務單位演講「如何成為一位頂尖業務」。聊到做業務的開端，我都會向聽眾提出「飢不擇食的業務精神」這句話。飢不擇食，顧名思義就是在挨餓的時候不選食物是否營養美味，有得吃就偷笑了。

我在開始做業務的初期，幾乎沒有什麼人脈，我便問主管，客戶去哪裡找？主管告訴我，馬路上的路人甲、路人乙、路人丙都有可能是你的客戶。那時我便知道「陌生開發」會是我一開始的業務管道。想當然爾，飢不擇食就是我的業務精神。意指，不挑客戶，大小通吃。

隨著業務越做越久，越做越好，我的客戶基礎也越來越穩固。陌生開發的比例隨之下降，轉而是「客戶介紹」的來源日漸增高。飢不擇食這四個字，也就被我擴大成另外一種解釋，分成四句話解讀，每一句的開頭，唸起來也和飢不擇食幾乎同音，意思不再是「吃不飽」，而是「吃很好」的概念：

雞婆的好人緣：主動積極的個性使人開心。

不自私的作風：替人著想的特質令人窩心。

哲學家的思維：博學多聞的專業讓人安心。

實實在在做人：童叟無欺的風評贏得人心。

我毋須對這四句話多做解釋，因為大家都看得懂。我想要聊三個關於「業務與人」的好故事，讓讀者對人脈與人際關係的經營有更進一步的認知與了解。

第一個故事：「多認識人要幹嘛！」

陳董是我以前在銀行任職的ＶＩＰ客戶。有一天，他突然打電話給我，請我幫忙介紹鋼琴老師，陳董說她就讀小四的女兒想要學鋼琴。當我在演講的場合問聽眾，如果你是我，你會對陳董作出什麼回應呢？我給聽眾兩個選項：

第一：「陳董，你嘛幫幫忙，我又不是開音樂教室，我是從事金融業務的，我怎麼可能會認識鋼琴老師，您找錯人了喔！」當台下聽眾聽到我講出這個答案時，面露出為我捏把冷汗的表情。

第二：「陳董，沒問題唷，我剛好有認識兩位鋼琴老師，一位師法古典，一位專攻爵士，請問您女兒要選哪一種學習呢？」陳董很滿意我的回答，大氣的回我，兩個鋼琴老師都介紹給他，讓她女兒選。我看到聽眾頻頻點頭示好。

答案已經呼之欲出了，我請聽眾舉手回答選一或二。果不其然，大家一面倒都選二。原因很簡單，滿足客戶的需求，就能收買人心，業績當然比較容易手到擒來。

如果一位業務，沒有人脈，只有專業，短期內或許可以得到客戶的青睞，但長遠來看，若你只能給他本質上的東西，不能滿足其他附加價值，客戶和你的情誼就無法深化，也就只能維持一般般的關係。

「讓自己成為客戶的便利超商，方便的好鄰居，業務關係就能穩固。」陳董很開心二位鋼琴老師的專業，讓她女兒能快樂的學琴。我的鋼琴老師朋友也很開心，因為我的轉介增加他的收入。而我更開心，有一天陳董帶她女兒專程到我辦公室謝謝我幫忙介紹好老師。這是三贏的局面，起因於人脈的連結。

這也是我常說的：「業務不是只做業務的工作，還要做許多人際關係的事，才能將業務做到登峰造極。」

故事聊完後，我會向聽眾說，為何平時多認識人是有好處的。「養兵千日，用於一時」，就是這個道理。經過歲月洗禮，我一直相信，人脈是世間最寶貴的資產，而做業務，就是累積人脈的好方法。

第二個故事：「你是客人，但也會是業務！」

這是發生在民國一百年的故事。某月底，我到國內知名連鎖傢俱商場採買一組沙發與桌椅。決定購買的品項後，我告訴店員，請在下個月的五號（那一天是假日沒有上班），將傢俱送到我家，然後我再貨到付款。

當我說完話，準備離開時，我發現店員面有難色，好像有些話想講，卻又欲言又止。我心裡的直覺告訴我，店員可能缺業績，希望我能幫他。我主動問店員，是不是有業績壓力，需不需要我先付款？

沒錯！店員露出靦腆的笑容告訴我說，如果可以先付款是最好，但還是以我的意願為主。我馬上說，沒問題，我先刷卡結帳，下個月再把傢俱送到我家即可。

過幾天之後，我收到這批傢俱，還有一封信。我把信打開，裡面除了有一張發票外，還有一張小紙條，上面寫著：「吳先生您好，謝謝您的幫忙，在月底結算業績之際，助我一把，讓我達成業績目標。傢俱有任何問題，都歡迎告訴我，非常樂意幫忙。若是喜歡我們的傢俱，也請幫忙多多介紹喔，敬祝平安，喜樂。」

這張黃色的便利貼，我留到現在未丟。主要用意是提醒自己，我們的身分都會切換，時而業務，需要求人；時而客戶，會被人求。希望自己換位思考，當自己是客人時，能夠同理業務的辛勞，若在自己能力範圍內，能幫就幫，是我的初衷。當有一天，我們需要求別人時，我認為大家願意幫忙的意願都很高。這是一種「互相」的概念。

第三個故事：「我輸給名叫表哥的人！」

很多年前，我有一位同學，得知我在銀行上班，主動問我有沒有好的金融商品可以投資。經由我的分析解說，確認想要買的標的與金額。這樁買賣得來全不費工夫，因為他是我的同學，有這層關係，又有信任基礎，成交很快。

隔幾天，我的同學打電話給我，他說：「家德，你上次介紹的產品，我在公司有告訴一位很要好的同事，他也有興趣想要投資，你是不是可以找他聊聊，跟他介紹一下。」「同學沒問題，你的好同事，就是我的好朋友，我當然樂意服務。」我在電話那頭回我同學。

很快的，我和同學的同事相約見面。第一次是約在咖啡館向他解說產品，第二次是請他到我的銀行辦理開戶。我們也約定第三次要見面，也就是隔天我會到他公司拜訪，準備下單做申購的動作。

好玩的事情發生了。當晚，這位已經和我見兩次面的新朋友（即將成為新客戶）打電話給我，他說：「吳先生不好意思，請你明天不用來我公司了，因為我的母親告訴我，我的表哥也和你在同一家銀行，我媽媽說既然賣的產品都一樣，就跟表哥買就好了。」

我和這位即將成為新客戶的朋友，在電話中又溝通一會兒，確認他的心意甚堅，母意難違，也就祝福他的選擇。這件事情給你什麼啟發呢？我的回答是，世界很公平，人們只想跟認識的人做生意；世界很不公平，人們還是只想跟認識的人做生意。

你一定會覺得我在繞口令，一下子公平，一下子又不公平，到底有沒有寫錯。沒錯的，第一句話是，我的同學因為認識我，不會去找別人買金融商品，所以世界「很公平」，他找我買是水到渠成。第二句話是，同學介紹的同事，因為和我的關係不算穩固，得知表哥有賣，也就跟他買，但對我非常「不公平」，因為我已經花時間談了幾次業務，想不到還是輸給一位名叫「表哥」的人。

以上這三個故事讓你有什麼體會呢？我的結論很簡單：「廣結善緣，與人為善，不僅是做業務的法則，也是做人的準則。」

巷弄裡的交友驚喜

這是六個小時內，發生在埔里小鎮與人有關的三件事。我與三個人產生連結互動。一位是老朋友；兩位是新朋友，其中一位聊天後才知是朋友的朋友，格外有緣。

會到埔里，起因一趟出差行程。不知道多數人會不會這麼做？就是當你要到遠方工作或旅行，你會想起要去的城市是否有你熟識的人？若時間允許，有一杯咖啡的時間，你會想要與住在當地的故友聯繫，大家聚聚閒話家常。

之於我，大概很常這麼做。我總覺得一趟長途跋涉的移動，可以順道拜訪友人，是很棒的一件事。我喜歡在真實生活與人接觸，看看朋友，聽聽他們近況，了解彼此動態，絕對是讓友誼加溫的好方法。

因為要到埔里出差，我想起一位多年不見，認識超過二十年的好友，她是甘梅燕小姐。梅燕老家在雲林，嫁到埔里。且讓我娓娓道來認識的緣分。你真的很難想像，我們竟能這樣也可以熟識至今。

三十多年前，父親是一位大貨車司機，而我的身分是業餘隨車小弟（正職是大學生）。寒暑假時，我都會陪同父親一起送貨。有一回，父親、母親和我送貨到南投埔里，結束卸貨已經接近黃昏。

在那個當年沒有國道三號與六號的年代，一趟送貨路程來回要耗很久的時間。回程之路大約要三、四個小時才能回到台南。我們都算是累了。我累可以在車上休息，但父親只能硬撐，這是司機的宿命。

當車子開到雲林林內與斗六這段省道時，父親告訴我他必須路邊停車，小睡片刻，否則會打瞌睡。很快的，父親就選擇路邊一處方便停車的地方睡覺。而我和母親則是下車散步，讓父親可以躺平在車上歇息。

在我生命記憶裡，或許常常有機會與父母親同行送貨，他們會在開車的路上，和我分享做人處事的道理。爸媽總是提醒我，做人比做事更重要，也都一直告訴我們兄弟姊妹，培養人品的好感度，才是能在社會立足的關鍵。

我和母親走在車子附近踱步之際，梅燕恰巧從外地開車下班回家。我們家的大卡車就是停在她住家的隔壁，但沒有擋到她停車的騎樓。梅燕看見我和母親站在車邊，便走過來問候了解原因。

了解實情後，梅燕很熱心的從家裡搬出兩張板凳請我和母親坐著休息。她的舉動很窩心，讓母親和我都非常感動。就這樣，我們就開始聊了起來。後來父親睡醒下車聽到梅燕為我們拉椅子這件事，也非常感謝她的好意。更有趣的是，梅燕的母親煮完飯後，也從廚房跑出來加入聊天。

因為每個月幾乎都會有一趟送貨到埔里的行程。父親算是一位會記住別人恩情的中年大叔。每次回程，總會開到梅燕家，順道打聲招呼再繼續開車回家。也因為父親稍多問候的機緣，讓我與梅燕越來越熟，成為遠方的朋友。

梅燕和我年紀相當，在二十歲左右，得到免疫系統的疾病，曾經讓她對生命失去信心與想望。還好，老天佑憐，藉由宗教信仰救贖了她。在過去這二十多年來，在她身上發生許多奇蹟，我算是見證其中的一份子。

因為地域相隔，我們不常見面，甚至要好幾年才會見上一面。但，這段善緣持續至今，也讓我感念。所以，當我確定要到埔里出差時，我便打電話給梅燕，期待可以敘舊話家常。

我們約在平日午後見面，也真的就是喝一杯咖啡的時間。因為晚些時刻，梅燕還要回家照顧家中長輩。掐指一算，距離上次見面已有六年之久，彼此都很開心能有機會再聚首。梅燕拿出她塵封多年，自己釀造的檸檬醋請我喝，我則送上我的著作和她分享。

與梅燕「軟」性的談話後，我轉而進入「硬」的工作模式。用後續兩小時的時間完成此行來埔里的任務。我常說：「在工作與工作的間隙，找到補充能量的機會，才能演出人生大戲。」工作是生活；旅行也是生活，我希望能巧妙結合。

結束工作，準備往停車場取車。不知哪來的念頭，告訴自己就走走小巷小弄，讓自己對埔里有更多的記憶。而本文的第二個故事也就因為走入巷弄，於焉而生。

走著走著，走在一條三米不到的小巷，我突然看到一個圓形招牌，上頭寫著「山里好巷」，副標是「好書．好人．好生活」。我轉頭向內一探，哇，是一家獨立書店耶。關於書，關於書店，有著極大的吸引力讓我走進去，因為我愛書，也愛買書。

多年前，我還在嘉義上班時，我也是騎著腳踏車，誤打誤撞看到「洪雅書房」這家很有特色的獨立書店。走進去之後，便與房主余國信開始閒聊，聊他的書店夢，聊他的人生路，然後就變成好朋友。這些年來，我的每一本新書要舉辦新書發表會，嘉義一定首選洪雅書房。

推開門，我抱著好奇的心情走進去。看到裡面有一位女生對著三、五個小學生上課，我猜想，大概是課後輔導吧。看我進門後，她還是繼續對孩子教學，彷佛我是熟客，恣意我在書店裡做任何事。

環顧書架上的書，我發現「山里好巷」這家書店所賣的書很特別，不是走主流的營銷路線，幾乎沒有商業叢書。這種異於常態的販售思維，讓我對這家書店感到好奇有趣。我心裡想著，這家書店葫蘆裡到底賣什麼藥，好有自己的風格喔。

終於，我和書店主人對上話了。如大家所好奇，我一定會問，怎麼店內賣的書，偏向生態環保、農藝植物、自然人文與大眾心理學呢？主人林佳穎小姐笑著回答我，埔里是她的故鄉，她只是想要用自己的生活方式與微薄力量做自己喜歡的事罷了。

聊了幾句話之後，我便知道佳穎的奇特。這是業務做久的本能，會在心中稍微判斷，對方到底是怎樣的人。我覺得，佳穎熱愛土地，崇尚自然，她只是想要用她心中認為對世界最友善的方式過生活而已。不譁眾取寵，不特異獨行，卻是一股清流。

知道佳穎的賣書風格後，我隨即問她，認識劉克襄老師嗎？為何我會提劉老師呢？我直覺猜想，他們可能認識，因為劉老師是一位自然生態的作家，以佳穎涉略自然議題的程度，是有可能認識的。

「我當然認識劉老師啊！」佳穎露出開心狀回答我。我告訴佳穎，劉老師也是我的好朋友呢！就這樣，我馬上打電話給劉老師，告訴他我正在佳穎的書店聊起他。只見劉老師在電話那頭大笑，一直說也太巧了吧。我順勢把電話請佳穎接聽，讓他們有機會可以聊上兩句。

這一通電話彷彿讓我與佳穎的友誼距離變得更近了。因為我們有共同的好朋友。這個場景轉化到業務領域也同樣適用。有時候，客人購買的意願不是價格，而是因為是誰的介紹顯得更有價值。

剛剛前面提到，我很愛買書。既然久久來埔里一次，又是小本經營的獨立書店，我當然要多買一些書支持佳穎。佳穎真的很奇特，一直勸我不要買太多，很怕我破費。我說，買書看書是我的嗜好。最終，我購入七本好書。離開前，我告訴佳穎，很開心走入埔里巷弄，也走入「山里好巷」，祝福她的書店安穩經營，過幸福的小日子。

離開書店的時間大約是傍晚五點多。基於明天一早要到台中開會，我忖思著，乾脆就留在埔里過夜，不需要衝回台南，然後隔天馬上再上台中。

既然選擇在一個既陌生但有人情味的城市留住，該如何找民宿呢？我想答案很簡單，就是用 Google 地圖搜尋星評較高的旅店。很快的，我就找到一家星評極高、網友評論很好的一家民宿前往。

我們都知道，好服務與好口碑是會被口耳相傳的。近幾年，拜手機科技的日新月異，傳播的幅度與速度更是無遠弗屆，每個人幾乎都是自媒體，撇開惡意攻擊不談，消費者正當的評論與回饋，絕對會是服務業賴以生存的根本。

我選定的是 523 巷民宿。民宿主人楊蕎瑜小姐很熱心，知道我是臨時留在埔里過夜，還順道幫我介紹晚上可以用餐的好地方。經由小聊片刻，我覺得這家民宿所呈現的樣貌一如多數網友的評論，就是環境乾淨與服務暖心。

埔里這一夜，我的確好眠。好眠的原因有三個，與梅燕話家常，認識佳穎與

「山里好巷」書店，找到一家好民宿也順道認識蕎瑜。

從下午的一點到晚上的七點，在這六個鐘頭裡，我經歷上述三件事，值得我記錄書寫。關於埔里的這趟工作與旅行，都是我生命中美好的回憶。當然最重要的，都是與人連結互動產生的善緣好運，我珍惜之。

你有大你十歲以上的朋友嗎？

每個人都有朋友。但，你有大你十歲以上的朋友嗎？你會問，這很重要嗎？不是有朋友就好了嗎？不，有結交年紀大的朋友，在人生道路上比較從容好走。至少，我的經驗是如此。

細數自己目前大我十歲的朋友（不是家人或親戚喔），而且還都有保持連絡的，至少超過數十個。而這些長輩朋友，對我的人生極其重要。因為，每每我遇到棘手的難題，他們都是我的智囊團。真心不騙，每個人都願意幫我。

這裡的十歲只是統稱，大五歲、八歲皆可。總之，就是找幾位年紀比你大的長者，好好的和他們當朋友。

我已接近半百。近幾年，好多後輩晚生都會來找我請益人生。若我時間允許、專業能力還夠、我幾乎來者不拒，因為能夠幫忙年輕人是我的志業。而我的年紀也大這些年輕人超過十歲。

有時，我會問他們，為何想要來找我。他們大抵會說幾個理由：一，我的人生閱歷豐富，可能有遇過他們正在遇到的問題；二，我的人脈豐沛，藉由找我，可以再介紹真正幫得上忙的人；三，我的熱情與大方，讓他們容易接近，直覺找我會有幫助。

相同的，我的人生也需要別人幫忙。我找最多人協助我的，年紀幾乎都比我大一些。而我覺得，年紀越大，解決人生「心靈」問題的能力越強。古人云：「薑是老的辣」；「不聽老人言，吃虧在眼前」可為證明。

問題來了，如何找到大你十歲以上的朋友呢？又或者撇開大十歲不談，如何找到人生道路上的「良師益友」呢？

我相信「交新友」和「做業務」一樣，剛開始「陌生開發」的機率比較高，隨著年紀增長，「緣故市場」也就是朋友介紹朋友的比例會越來越高。甚至，有些人可能不再開發新朋友，都是經由介紹而來。

和做業務較為不同的是，因為好口碑所以客戶願意幫忙介紹，比較不需要找新客戶讓自己耗費心力，又有失敗的風險。在交新朋友這件事上，我建議還是要有一定比例自行去建構新的人脈圈，而不是全部都是藉由朋友介紹認識，否則就容易落入「同溫層」的迷失。但是你的同溫層如果是正向、積極、好學，都是好習慣之群，則不在此限。

好，問題又來了，你可能會問，要如何自行建構新的人脈圈呢？依我交新朋友的經驗，我提供三種管道。當然，交友方式百百種，絕對不止這幾種。「有緣」最重要啦！

一、**社交軟體：**比如臉書、ＩＧ等。不諱言，使用社群軟體很容易交到「新友」，但要交到「心友」則不是那麼容易。因為人與人之間不可能都是在線上使用「虛擬」身分交往，終究還是要見面才有「真實」的感覺。

二、**參加活動**：不管是上課、演講或任何群體的活動，坐在你身邊或同組的人，都是有機會交流的新朋友。或許有著同樣的興趣與學習動機，若是願意打開心扉，交到新朋友的機會很大。

三、**有緣邂逅**：這種狀況算是可遇不可求。舉凡吃飯時沒位置只好同桌，排隊結帳排前後等候的時光，搭大眾交通工具坐旁邊的人，一起運動共用器材等等。有上千種的可能，老天會巧妙安排可以認識的機緣。但前提是，你敢不敢，或對方敢不敢而已。當兩人都敢，認識的大門就打開了。

我想要分享兩個自身案例，一個大我十歲，一個小我十歲，都是我主動認識新朋友的故事。

第一個故事，一段橫跨東西的友誼，一位大我十歲智者的認識過程：

劉岸江大哥是我從臉書上認識的長輩。他是花蓮玉里人、退休人士，也是業餘攝影師。我們認識將近十年。當年，看到他常常在臉書分享花東縱谷的攝影作品，除了照片拍出花東之美外，他簡短的為照片畫龍點睛的用語也讓我甚覺有趣，遂加他為友。

坦白說，認識一位住在玉里的臉友，如果沒有強烈的見面欲望，這輩子要見面應該很難才對。但我內心呼喚著，若是有到花蓮一定要去認識他。當你向宇宙許願時，果真老天就給你機會。在臉書上認識他一年之後，有一回藉由到花蓮演講的機會，我抓空檔到玉里找劉大哥。因為有心，讓我們就這樣見了面。

這些年來，我們平均一年見一次面。當我搭火車到玉里，他都會來接我。而我總是會央求他，帶我到玉里的客城紅橋拍照。劉大哥總能算準火車經過紅橋的時間，叫我站定位置後，按下快門，一張張值得回憶的照片就這樣地讓我保留下來。

攝影／劉岸江

攝影／劉岸江

他會帶我到他家泡茶聊天，甚至也會現磨咖啡請我喝，我們年紀雖然差了十多歲，但真的無話不談，非常投緣。有一回，我提早一天到玉里住宿，他竟找我凌晨四點起床，陪他上山拍日出的美照。之後天亮後再到一戶養鴨人家，拍成千上萬隻鴨子的群聚之美。

劉大哥是一位智者，淡泊名利，雲淡風輕。他的上半場都獻給國家，下半場他揹著相機上山下海到處取景，把大自然的風情拍到令人心曠神怡，美不勝收。又不藏私的分享在臉書上讓大家欣賞。把一件事情做到極致，就能得到獎賞。劉大哥還因此得到他的高中母校頒發傑出校友獎。他直呼過獎了、過獎了。你說這種真性情的長者我怎能不好好跟隨呢！

第二個故事，一段有緣相遇的友誼，一位小我十歲的學生的認識過程：

幾年前的某一個假日，我到高雄台鋁參加一場婚宴。結束後，因為外頭大雨，遂到書店逛逛。當我走到書店的演講廳時，發現很誇張的一件事，就是滿滿的人潮溢到外面。心想是誰的新書分享會這麼熱門？結果是，不朽。我估算，現場大約兩百多人，聽眾幾乎都是高中與大學生居多，而女生比例又高於男生。

好吧！我也買一本來看看。那時候不朽的新書書名是《你的少年念想》。書店有大幅的宣傳照，及將近百本的新書陳列。重點是，每本書都用塑膠封膜包起來，沒買也讀不得。

我走到櫃檯結帳。而此時，有趣的事情發生了。一位阿嬤帶著孫女到櫃檯前問說，不朽的新書發表會在哪裡？我一聽也一驚，馬上告訴這位阿嬤說，往前走就是了。然後問阿嬤說，你也瘋不朽喔。

阿嬤說，是孫女啦。我是來買書付錢的。旋即問服務人員說，一本多少錢？她們要去排隊簽名。櫃檯回答原價三百二十元，打79折是二百五十三元。

想不到，站在結帳區有一位男生突然開口對阿嬤說，我買兩本，也都有不朽的簽名，如果不介意，我這本用一百元賣給你孫女好了。阿嬤與孫女聽到後，知道已經有簽名，不需要再大排長龍等簽名，便非常開心接受了。

我對這位大學生用一百元出售新書感到不解。便問他為何要如此？他說，之前已經有從網路買到限量的簽名書，因為很喜歡不朽，就想來聽，便又在書店買了一本讓不朽親簽。基於只要收藏一本親簽書的概念，非常願意用分享價售出。因為實在太便宜了，我與阿嬤都覺得應該用二百五十三元付款。但這位男生說，不然給二百元就好了，才完成了這樁買書的交易。我轉頭問阿嬤的孫女，為何喜歡不朽呢？「她的文字很觸動人心啊！」還在念高中的小女生回我。我又問賣書的這位男生，怎會喜歡不朽呢？這位男生遂向我說打從高中時期就喜歡不朽的文字，一直到現在念大學還是她的忠實讀者。

結束對話後，我與這位男生一同步出書店。望著外頭的雨勢，讓我們又有機會多聊一會兒。多問之下，我知道他的名字是俊宇，念正修科大，家住林園。當然「友誼開始初，記得加臉書」是我的習慣。一場雨，一場新書發表會，讓我與俊宇成為朋友。

友誼開始了，爾後還是需要耕耘的。我和俊宇算是有緣，認識他之後的幾個月，某一回我到正修科大演講，我也沒有告知他我會去他的母校演講，他竟能查到我的演講消息，當天帶著咖啡與點心來請我吃，十足讓我感動。

一回生、二回熟，我和俊宇的互動變多了。我們偶爾臉書聊聊，關心近況。也因為他即將畢業成為社會新鮮人，我們還相約出來喝杯咖啡，讓我對他分享職場應有的思維與觀念，目的就是給他力量，讓他快樂工作。

劉大哥是藉由社交軟體認識的朋友，屬於第一種認識新朋友的管道。俊宇則是參加活動再加上有緣邂逅的朋友，屬於第二種與第三種混搭的緣分。我都很珍惜這段善緣，也祝福正在閱讀此篇文章的你，找到新友誼，若不介意，可以私訊告訴我喔。

輯三

熟門熟路的人脈圈子

一場演講的邀約，人生意外的美麗風景

某日早晨，我打開手機，跳出一則臉書私訊。傳訊給我的人是進豐，一位認識許久，但不常見面的朋友。和進豐熟識的原因，主要是多年前參加我們共同朋友謝文憲（憲哥）的新書發表會，經由憲哥介紹才成為好友。

我時常告訴年輕學子與職場工作者，藉由演講或課程的機緣去認識坐在你身旁的人，因為可能你們有相同的興趣與嗜好才會參加這個活動，在那當下，是很容易建立新友誼的。

進豐在私訊告訴我，他的大學學弟請他幫忙介紹講師。因為在幾個星期之後，他學弟的公司有一場兩百多人的大型教育訓練要舉辦，必須找一位可以分享「樂在工作」的講師。而進豐在收到訊息之後的第一時間就想到我，他覺得我是聊這個主題的不二人選。

關於找我演講這件事，又是一個有趣的議題。坦白講，我不是一個職業講師，也不需要靠演講上課賺錢。演講之於我，就是一種分享，一種傳遞人生真善美的平台。我喜歡講，並不是我很會講，而是我想要透過自己生活的體驗，轉化成故事，告訴更多人，我們的人生可以幸福生活，快樂工作而已。

就是因為沒有得失心，也不會計較酬勞，反而讓越來越多的企業、學校、管顧與圖書館找上我，這實在是始料未及的事。但也因為在這十多年來，平均一年講三、四十場，練就我的好口條與論述能力，讓我在講台上，成為一位可以讓大家願意聽我說故事的老師。

很快的，經由進豐的居中牽線，我與他學弟俊昇聯繫上了。也才知道，原來俊昇是一家知名連鎖補習班的高階主管，他想要藉由舉辦團隊共識營，激勵公司的老師。我和俊昇聊完後，便定調分享「熱情」這個主題，我給他的演講大綱是：「用夢想追求快樂」、「用工作成就自己」、「用行動廣結善緣」、「做公益助人有益」，整個主軸都是扣緊「熱情」，期待講座可以帶給老師更多教學熱忱。

兩周後的星期六，也就是我從台南北上桃園接受這場演講的日子。因為演講的上課地點位於郊區，車程約莫要三十分鐘，公司非常貼心的派車到高鐵來接我。而在這一趟演講的路程當中，發生兩個值得分享的好故事。一個與我有關；另一個與開車接送我的大哥有關。

先說第一個故事，主要是高鐵竟然誤點帶給我的三個體悟：

因為演講時間是下午三點半，按照時程計算，我只要到高鐵站後，再加上四十分鐘的預留時間，一定可以如期開講。很罕見的，我搭的這班高鐵竟然誤點二十分鐘才到目的地。誤點的原因是彰化段的訊號異常，導致行經此路段只能慢慢通行，造成延誤。

非常幸運的，當天因為我有較早出門搭高鐵，縱使延誤二十分鐘，我到會場的時間依然可以從容開講。否則，有兩百位聽眾等我，這種壓力其實蠻大的。因此，我的第一個體悟是，**凡事「早」點準備比較不狼狽**。

因為彰化路段訊號異常，導致整台列車非常緩慢前行，得以讓我看清楚窗外的美景。我看到一間農村式的三合院矗立田邊，充滿著綠意與古意，看起來非常怡然自得，也讓我好整以暇拿出手機拍到窗外的田野風情。此時，我的第二個體悟是，**只有「靜」才能看得清楚人生風景**。

可想而知，當我的行程延誤了，主辦單位一定非常焦急，害怕開天窗。雖然我已告知提早出門，應該是來得及。但我換位思考，站在對方的立場想，我就在後續的車程中，不斷的傳訊息讓俊昇安心，告訴他的團隊我已經到哪裡了。讓他們不會憂心忡忡。所以，我的第三個體悟是，**用同理「心」讓對方安心**。

高鐵誤點的這個意外，讓我體會三個關鍵字，分別是：提早、寧靜、用心。這是我想要分享的第一個故事。

第二個故事我想要分享此趟行程接送我的司機，吳大哥。

吳大哥是一位非常好聊的人。我一上車，他就展現熱情的笑容歡迎我的到來。因為這趟來回接送時間有一小時之久，我們便在車上聊了許多關於人生的大小事。

年屆一甲子的吳大哥，其實不是司機的身分，他也是補習班的老師，只是他對路況較熟捻，願意幫公司負責接送的工作。他之所以會讓我想要分享他的故事，主要是他在六十歲的年紀，還能得到這份工作的背後祕辛。

吳大哥原先在大陸工作多年，因為總總原因讓他回台定居。可想而知，以他的年紀要再找到一份薪資優渥的工作其實不是一件容易的事。但他卻可以在回台之後，短短的時間找到目前堪稱他很喜歡的工作，主要原因有三個。

第一，他的好友認識目前補習班的老闆。經由好友的引介，才得以從一開始的試教開始，到最後成為正職員工。關於這一點，我想要說的是，平日多建立好友的關係，危難之際，才會有人願意伸出援手啊。

第二，吳大哥從小跟著他父親學習修理家中的水電設備，也就是他的居家修繕能力很強，這讓公司的各個區域教室都能讓他維修保養，省去多花錢的開銷。這個從小建立的第二專長，竟然也是幫他找到這份教職的原因之一。

第三，活了大半輩子，吳大哥深黯人生處世哲學，就是快樂工作，健康生活。他會在閒暇之餘運動、釣魚，讓自己的生活過得愜意平衡。他告訴我，他經歷過職場的大風大浪，終究每一個人都要回來做自己，而做自己就是學會與自己獨處。

一場演講的邀約，讓我體會到平時「廣結善緣」的重要性，比如進豐介紹我來桃園演講與大哥找到教職都是同樣的原因。再來是「用心生活」的體會，比如我搭高鐵發生誤點的三個體悟。最後則是「建立人脈」的機會，讓我藉演講之便，多認識俊昇與吳大哥，這才是人生意外的美麗風景。

社交傳承

有一回，就讀高職的女兒放學回家後問我一件事。她說：「爸，我們有一堂生涯輔導課的老師，要求同學三人一組，找任何一種職業的上班族做採訪，藉以了解行業特性與職人心得。」聽到女兒說要採訪職場工作者，我馬上就回她說：「就找我啊，我非常樂意喔。」

女兒嗚嘴笑著說：「不要啦，這樣有點奇怪。哪有女兒採訪老爸的。」「不然你要採訪誰？」我反問她。「我記得您認識一位高鐵列車長，叫 Doris，我們可以採訪她嗎？」女兒不好意思的說出這句話。

原來在學校時，女兒已經跟其他兩位同組同學提議要找「高鐵列車長」這個職業來採訪。她們三人都覺得這個工作「很酷」，便請女兒回家趕緊問我可否幫忙邀約。

Doris 是我在幾年前搭高鐵所認識的朋友。當年，我搭乘她正在值勤的班車，我座位邊的一位奧客因為自己搞丟行李而謾罵 Doris。Doris 竟能很有風度，也不慌不忙的將此事處理好讓我欽佩。我算雞婆，下高鐵之後便到服務中心寫了一張顧客意見表給高鐵總公司，藉此讚美 Doris 的好服務。

算是有緣，之後的某幾次搭車機會，我都偶遇 Doris。一回生，二回熟，我們便加臉書成為臉友，也慢慢成為真實世界的朋友。這個故事，女兒有聽我提起，才興起找 Doris 訪問的念頭。

老爸能拒絕女兒的央求嗎？當然不行。但，我做了三件事，藉機讓女兒自我成長。

第一件事：**交新朋友**。

我除了簡短用 Line 告訴 Doris 我女兒想要找她訪談工作的訊息外，其他的事，舉凡約訪日期、地點、相關細節，都由女兒對 Doris 自行處理。我希望女兒可以學習如何與新朋友打交道，並從中建立友誼關係。

女兒起初聽到我如此「要狠」的規定，有些詫異與不解，因為她覺得老爸應該會幫她打點一切才是。但了解我的想法後，也就能接受我的做法。我告訴女兒，我與 Doris 完全沒有中間人介紹都能認識。所以藉由我的居中牽線認識 Doris 算是簡單的。而且兩人直球對決，不需要每次的決議都要我轉傳，更能快速達成共識。

這是現在年輕人最弱、也最常遇到的問題，就是「社交恐懼症」。對於要認識新朋友會有障礙，不知如何是好。現代人會有這種狀況發生，不外乎幾種原因：

第一，怕遇到壞人，造成自身的傷害。不論是家庭或學校教育，總是告誡大家「生人勿近」，否則可能會人財兩失。再加上新聞媒體的血腥報導，加重人與人之間的防備心所致。

第二，社交軟體盛行，從實體見面轉向虛擬認識。臉書、推特與ＩＧ的興起，讓交朋友變得簡單，但也讓友誼的溫度變得較為冷淡。因為所有的溝通介面都以文字圖像為主，少了語言和肢體動作。久而久之，讓很多年輕人失去在真實世界交朋友的能力。

第三，本身的個性就較為內向木訥，不知道要如何聊天講話。我大學之前也算是內向害羞之人，雖然我已轉變極度外向，但我絕對可以體會內向的人對於人際溝通的害怕與陌生感。

當然還有其他原因造成社交障礙。但我覺得，人總會離開原生家庭，走入學校或職場，和人接觸與交流勢不可免，所以盡早學會「人際溝通」的功課絕對是重要的。至於怎麼做？我提出三點小建議，這也是我的經驗談，不代表對任何人都有效。

首先，**微笑迎人**。微笑是世界共通的語言。讓自己成為開朗愛笑的人，人緣比較好。當大家都和善以對時，溝通就比較無礙。

其次，**多參加學習型課程**。藉由一起學習的機緣，較能找到志同道合的朋友。也因為有這層同學的關係，聊起天來比較沒有隔閡。看人際關係的書與聽相關的演講，學習溝通技巧也是有用的。

最後，**多嘗試在眾人面前講話分享**。或許這不是一件容易的事。但透過不斷練習，熟能生巧之後，也能找到箇中要訣，讓自己保持優雅，進退得宜。

第二件事：帶個伴手禮，禮多人不怪。

女兒聽到我說記得要送禮，當下也是問號的。對於一位高中生，或許還沒有這種觀念，但對於出社會較久的職場人士，我想多數人都能理解。我告訴女兒，禮物不一定要貴重，但一定要有誠意，要讓對方知道我們重視她。

我接著補充說，Doris 犧牲自己的休假時間，還願意從台北下來台南接受你和同學的採訪，難道這是應該的嗎？如果本來不是她該做的，而又願意幫忙，我們是不是應該要懂得感恩，藉由小禮物表達致謝呢！

聽我這麼一說，女兒頻頻點頭說她懂了。後續，對於如何找禮物這件事，我也不下指導棋，讓女兒先行思考，如何買或自己手工做，才是得體的送禮。最後，女兒決定送一份府城有名的點心禮盒及一個手工帆布包，我則加碼一本書給 Doris。

第三件事：採訪的問題與流程如何定調。

我跟女兒說，採訪 Doris 的題目與訪綱一定要提早準備。也就是說，從認識 Doris 這位新朋友到了解她擔任高鐵列車長這份工作，再到讓 Doris 暢談她的人生種種，都需要設計好題目，並帶有層次順序，才能讓訪談一氣呵成。

關於訪談內容大綱，我與女兒行前討論較多，也藉機讓她明白兩件事情。

第一，第一印象很重要。從一開口的寒暄，到切入正題聊事情，都會讓 Doris 感覺你是怎樣的人？如果拖泥帶水，畏畏縮縮，代表沒有自信，讓人擔心。如果大方乾脆，侃侃而談，代表已經做好準備，讓人安心。

第二，好問題才能問出好答案，進而寫出優質的報告，也才不枉費 Doris 願意專程下來的心意。

女兒把我的話都聽進去了。那一次與 Doris 的會面與訪談算是非常溫馨與順利。我也覺得很有成就感，藉由這次的機會，順道教會女兒在人際關係的三件事。這是身為父親的一個小成就。

熱情服務的精神

演講了數百場，這是我很糗的一次，卻也是很美的一次。

幾年前，曾經幫奇美醫院牙醫部「柳營」院區的護理人員演講。當時頗受好評，因為我收到滿滿的感謝卡片。過不久，我又接到醫院牙醫部的邀請，但這次是到「永康」院區演講。我欣喜接受，也樂於前往。

醫院為什麼會請我演講呢？關鍵在於我的熱情。這群數十位的牙醫助理，每天要面對百來位牙疼病人的問題與抱怨，如果沒有同理心或耐心，稍一不慎，就有可能產生客訴，造成不好的結果。主辦單位希望我能夠分享「熱情服務」的觀念與案例，讓這群高壓的助理可以更好面對工作上的問題。

因為這場演講是在半年前就邀請了，我也將之記錄在手機行事曆。時間快到時，主辦人員宛蓉還很細心傳訊息提醒我。而我也回她沒有問題的，一定準時赴約。

演講當天，我的確準時赴約。到了醫院後，我便打電話給宛蓉，告訴她我已經到了醫院大廳。她很貼心的說要下樓接我。結果，我等了五分鐘還是不見她的蹤影就打電話給她。接上電話後，宛蓉在電話那頭也很焦急地問我，我到底在哪裡？我便拍了醫院一樓大廳的照片給她，讓她可以容易找到我。

然後……她就在電話那頭對我大聲地哇、哇、哇三聲。宛蓉說，我跑到柳營院區，而她在永康總院。當下，我晴天霹靂，確信自己跑錯地方了。柳營到永康的距離，快的話大約要四十分鐘，慢的話要一小時。我明白一切為時已晚，非常自責。我只能不斷的說抱歉，希望他們見諒。（我只要想到大家坐在會場等候演講，而講師竟然跑錯場子，這是讓人心驚膽顫的事。）

這算是我接演講以來從未犯過的錯誤。回想起來，只能說人是慣性動物。當要去奇美醫院演講，只想起曾經去過「柳營」院區，然後就自動忽略宛蓉寫給我的「永康」兩個字。

而我也以為，院方大概會把我列為黑名單，以後再不邀約。想不到，隔一天，宛蓉又來訊問我，是否還願意到院演講。她說，她的主管確認我不是故意的，希望我還是可以來分享。

「當然願意，非常願意」，這是我將功贖罪的機會。我充滿感激，也告訴自己，這次一定要好好準備，將最完美的課程分享給學員。我在心中自忖：「老天真是厚愛我，我是一位幸運的人，真是幸福啊！」這也是我常常對朋友同事分享的：「感恩」是宇宙最強大的力量，善用它，便有機會美夢成真。

演講當天，宛蓉特意在偌大的停車場用一個三角錐貼著紙張寫著我的名字，為我專屬保留停車位，讓我非常感動。我覺得，宛蓉的作為就是一種熱情服務的表現，值得嘉許。她知道，醫院周邊的停車格一位難求，縱使有位置，也要走很遠才能抵達醫院。這是換位思考的展現。

也因此，演講一開始，除了對台下聽眾表達上次烏龍事件的歉意外，也用宛蓉為我做的小事當成開頭。接著我又舉一個小案例，也是「貼心」的表現。我說，有一回，我到善化圖書館演講，結束後，有一位女聽眾到台前想要找我合照。這位聽眾已是三十多歲的成年人，但身高據我目測大約只有一百二十公分左右，我猜應該是先天疾病所導致。

可以想像拍下這張照片一定會有高矮落差。當然會顯得我高高在上，可是我不希望這樣子。我便提議可以一起坐下來再拍照。這位女聽眾絕對了解我的用意，也就欣然答應。雖然這是我的舉手之勞，但對於我和這位聽眾，都會有一種幸福感。

因為這場演講定調的主題是「熱情」。我把過去這些年來寫在臉書關於熱情的文字做成投影片，向台下全是女生的小助理分享。以下是我的四則小文，裡面的關鍵字都是熱情。

第一則：

夢想是起點，熱情是油門

學習是燃料，自信是引擎

謙卑是導航，挫折是剎車

分享是風景，成功是終點

第二則：

擁有熱情就能產生魅力

擁有魅力就能散發能量

擁有能量就能製造熱情

善的循環就能帶來好運

第三則：

我不需要頭銜的武器
我只求心胸能夠大器
我不需要名氣的加持
我只求熱情能夠奔馳

第四則：

生命之所以熱情，是因為找到自己獨樹一格的天賦
生活之所以快樂，是因為願意用微笑對世界打招呼

接著，我便以「如何成為一個熱情的工作夥伴」為題，向她們述說四大關鍵要點。分別是：

一，喜歡自己現在的工作，對職場有願景。
二，用洪荒之力幫助別人，對付出有動力。
三，感恩周邊的每一個人，對群體有認同。
四，了解人生價值的意義，對生命有體悟。

每一則小品，我都會深入講解我的看法，讓他們清楚知道能夠熱情過日子，快樂的工作，是一件很棒的事。慢慢的，我也從聽眾臉上，看到充滿熱情的笑容，我確信這是一場成功的演講。

演講最後，我說了一個故事補充成為一個對的人是多麼重要。故事如下：

美國有位牧師，第二天要進行一次隆重布道演講，但躊躇再三，一直找不到合適的講題，偏偏他的小孩又在旁邊搗亂。牧師就拿了一張世界地圖，將它撕成碎片，交給小孩說：「如果你能將地圖排好，爸爸就和你玩。」小孩子高興就說好。牧師心想：這夠小孩忙上數小時了，自己也有時間想布道的題目。

不料，幾分鐘後，小孩子興高采烈跑出來，說地圖已經拼好了，牧師接過一看，果然是一張完整的世界地圖，牧師奇怪的問：「你怎麼能這麼快就拼好了呢？」小孩回答：「地圖反面是一張人頭像，我把人頭像拼對了，地圖也自然拼好了。」

牧師一聽頓然覺悟，他終於找到布道的題目。題目就是，「一個人是對的，他的世界也就是對的。」

我告訴聽眾，這則故事是我十多年前從一本書上看見的。我很喜歡這個寓意，也常常與周遭的好友分享。我說：「只要能導正自己的行為思想，用愛與慈悲心關懷有情世界，散發正向積極的熱情，這個世界必將為你而轉動。」

「先喜歡自己，再喜歡工作，用心好好活，幸福自然來。」是我投影片的結語。感恩奇美醫院的邀請，讓我留下美麗的回憶。

業務員「敢」的精神——人脈加值紅利

許榮哲，華語首席故事教練、被譽為台灣七〇年後最會說故事的人。歐陽立中，高中教師、爆文教練、暢銷作家。我認識這兩個人的故事非常有趣。且聽我娓娓道來。

先說許榮哲。

從臉書的友誼記錄網來看，我和榮哲成為臉友超過十年，但鮮少互動，有的話，就是生日到了，互祝生日快樂，其他幾乎沒有交集。所以應該不算是真實世界的朋友。

雖然十年來，我們的人生看似平行時空，但只要有一個小事件發生，就能產生大宇宙。如同梭羅說的：「我不相信奇蹟，除非有種子出現。」而那個種子就是我的一則臉書發文。

幾年前，我的第三本書《觀念一轉彎，業績翻兩番》甫出版，我就在臉書開始打書。因為是出版關於「業務」的書籍，有一天我就寫了一篇文章，表述業務人員要有「敢」的精神。我擷取其中一段內容：「昨晚，當我行經信義房屋時，我便大膽的走進去，向值勤的業務人員推廣我的新書，很快的，用五分鐘時間，小聊業務心得，交換名片，又多認識一位新朋友，真的挺好的。」

想不到，吸引榮哲到我的版上留言，他說：「我喜歡這個故事，希望自己也能做到，所以立刻上網買一本。」然後我就回他：「希望能北上與你見面，親簽給你。」榮哲又回：「如果你來，我買三十本給你簽名。」看到榮哲要買三十本，我簡直樂透了，立馬回他：「一言為定。我們再約。」

對於這筆天外飛來的大訂單，我不可能忘記，也一直期待北上的時光。過幾天，我藉由下周要到台北正聲廣播電台演講之便，發私訊問榮哲可否見面，也得到他的應允。就這樣，我用小行李箱裝著三十本熱騰騰的新書，和榮哲約在台北重慶南路的某家咖啡館會面。

真正的人際關係高手都知道，雖然此行的目的是「賣書」。但見面之後，「賣三十本書」這檔正事絕對是最後才會亮的王牌。基於第一次見面，尤其又是和一位很會說故事的教練過招，我勢必也要拿出看家本領，把好故事拿出來和榮哲分享。

我是玩真的。拿出筆記型電腦，將我等會要對正聲聽眾演講的好故事，全部一股腦地告訴榮哲，一來讓他知道我也喜歡講故事，二來也藉由他的指點，讓我更進步，這是一石二鳥的好方法。我們聊了將近兩小時，互動愉快，在告辭前，榮哲拿出他早已帶來的舊作《小說課》送我，並提筆寫下「相見恨晚」四個字，表達我們的緣分來得太晚啊。

有趣的事在幾天後發生了。原來榮哲是一位「健忘」之人。因為他在臉書上，寫出和我認識的緣起與過程，他的標題訂為「一個意外，我買了一輩子重慶南路的書」，我摘錄他寫的四個重點：

一，他以為我之前是上過他課程的學生（當然不是，但見面之後就是了）。二，他竟然忘記要買我三十本書這件事，當得知我們要見面時，他很有誠意的上網路書店訂了我的五本新書。三，他聽到我說的故事，覺得驚為天人，他心中想著趁機摸兩個帶走，才不枉費買了三十五本書。四，他說他雖然犯了一個傻瓜才會犯的錯誤，卻得到一個頂尖業務累積二十幾年的人生故事，算是賺翻了。

最後，他不忘告訴他的臉友，記得去買我的書，讓我感動萬千。

就在彼此見面後的一個月，我從臉書看到榮哲的新書也順利上市。比較特別的是，他不是出版一本書而是兩本好書，書名分別是《3分鐘說18萬個故事，打造影響力》與《99%有效的故事行銷，創造品牌力》。當下，我就知道我「報恩」的機會來了。榮哲買我三十五本書，我便買他四十本，讓他嚐嚐「吃虧就是占便宜」的滋味。

我們的一來一往不得了。更有趣的事再度發生。雖然我們的書分屬不同出版社，但這椿美好的因緣，竟促成兩家出版社共同行銷，為我們舉辦一場新書發表會，我想這是非常少見的機會與經驗。

榮哲藉由說故事的魅力，把他的兩本新書打到全台的大街小巷，成為洛陽紙貴的熱門好書。榮哲打鐵趁熱，在不到一年的時間，又出版《小說課之王：折磨讀者的祕密》。這次，我再度加碼，買了五十本送朋友。沒錯，榮哲再度被我的誠意感動。但我想要告訴他，其實是我賺到了，因為他的好書，讓我有機會可以用他的書，結緣更多的朋友。

再來說說歐陽立中。

歐陽立中是許榮哲的愛徒兼好友。因為常常在榮哲的臉書看到歐陽的訊息，也就讓我興起加他臉書的念頭。古諺說「物以類聚」，既然榮哲已是「相見恨晚」的好友，我就相信，歐陽就該是「相見愛早」的朋友。

我傳一則私訊給歐陽，告訴他很高興因為榮哲的牽線進而有緣認識，也希望未來有機會可以多多交流。很快的，得到歐陽的回覆，他告訴我，他也是因為榮哲提到和我認識的好故事才知道我，更期待未來相見。

回到前面所述，為何歐陽會是榮哲的愛徒呢？歐陽到底有什麼過人的能耐讓榮哲大力讚賞他呢？經由我從臉書的觀察與和他們兩位各自接觸的結果，我找到兩個原因。

第一，榮哲成名早，歐陽希望在文壇找到一位標竿學習，便鎖定榮哲。只要是榮哲辦的課程與活動，歐陽都跑去參加，不斷的讓榮哲記住他。歐陽的勤奮與認真，讓榮哲印象深刻，最終讓行程滿檔的榮哲要出《桌遊課》時，找歐陽一起合寫。

第二，歐陽勤於筆耕，皇天不負苦心人，歐陽因為在臉書上的一篇爆文〈飄移的起跑線〉而開始走紅。但他沒有忘本，一直感謝他師父榮哲的提攜與教導才有今天的他。就是這種「名師出高徒；高徒捧名師」的循環，讓彼此惺惺相惜，路長情更長。

在和歐陽成為臉友的半年內，我們沒有刻意聯繫。一直等到歐陽出版《故事學》之際，我才與他有更進一步的來往。當時，我告訴歐陽，我要買四十本他的書，他開心極了。我的想法很單純，支持歐陽就是支持榮哲，雖然我與歐陽尚未見過面，但我覺得和歐陽交朋友一定很舒服。

趁著北上出差的機會，我去參加歐陽《故事學》的新書發表會。有別於和榮哲第一次碰頭是一對一聊天交換故事，我和歐陽第一次見面，則是和一百多位讀者在台下聆聽歐陽的精采故事。看到台上的歐陽侃侃而談，再想起榮哲辯才無礙的畫面，真的佩服這對師徒啊。

歐陽果真是大黑馬。在《故事學》暢銷後，接連又出版《就怕平庸成為你人生的注解》與《人生有限，你要玩出無限》兩本好書。而我，身為好友與忠實讀者能夠做的，就是再各買四十本繼續支持。

有一回，歐陽到台南演講，身為地主的我，當然責無旁貸去接他。在車上聊天時，他告訴我，他是一位很幸運的人，身邊總有好多學習的典範，比如榮哲和我。那次的演講，我聽著他有意無意的感恩榮哲提拔，也感謝我的付出。我更加確信，歐陽的成就一定不可限量。

近年來，因為我與榮哲和歐陽有了更多的互動，對於我的人脈產生加值的紅利效果。時不時就有他們兩位大師的鐵粉發訊息告訴我，因為他們兩位在演講提到我的故事，讓這群聽眾跑去買我的書，甚至來追蹤我臉書。這的確都是讓人驚喜的好事。

我常說，**和厲害的人在一起，不保證你會變得更厲害，但絕對不會變差**。榮哲與歐陽就是厲害的咖，和他們當一輩子的朋友，絕對百利而無一害。認識他們，是我的榮幸，也是讓自己變得更好的途徑。

快樂人生的三把鑰匙

庚子年的生日當天，我在臉書寫下一段感謝文。

我很幸福，不只是在生日這一天。謝謝親朋好友的生日祝福，開心極了。也願把這份祝福加倍送給看到這段文字的你。我一直在歲月長河裡體悟過快樂的人生。我找到三把鑰匙，想要和你分享。

第一把：「利他」。助人為快樂之本；施比受更有福；人脈的終極目的是利他。利他是生活中最大的複利。縮小自己，放大別人，是一種胸襟。

第二把：「夢想」。人生有夢，築夢踏實。讓自己走在夢想的道路上。夢想是實現美好人生的發動機。活在當下，放眼未來，是一種格局。

第三把：「感恩」。得之於人者太多，出之於己者太少，想要感謝的人太多，那就謝天吧！感恩是宇宙最強的力量。心懷慈悲，真誠讚美，是一種態度。

到了隔天，任職華山基金會，擔任站長的好友佩伶傳了一則訊息給我，希望我用生日感言為題，幫華山基金會的義工演講。題目就訂為「快樂人生的三把鑰匙」。

華山基金會是一個公益性的社福團體，主要服務的對象是六十五歲以上的三失（失能、失智、失依）弱勢長輩。過去這幾年，我常常參加華山關懷老人的活動，比如到老人的住家訪視或陪老人到郊外走走等等，遂對華山照顧老人的宗旨與精神非常佩服。

我喜歡接ＮＧＯ的演講。我的想法是，若我分享的觀念與故事可以影響這群義工，帶給他們正向的力量，再藉由他們滿滿的熱情與愛心，照顧更多社會上需要照顧的弱勢人們，那便是美事一樁。

這次的講座，安排在緊鄰台南黃金海岸的一個活動中心。印象很深刻，我講課的方向就是面對沙灘與蔚藍海岸，這片海景讓我感到心曠神怡，心情格外放鬆。因為義工都是採志願參加，所以大家對於課程參與度非常高，這也讓我與聽眾互動熱烈，交流頻頻。

為了準備這場演講，我試著爬梳與華山的緣分。我從幾年前的臉書裡找到一則發文，那是關於籌募華山「愛心年菜」的分享文。我寫的內容是這樣的：「好友子歆告知，他的學生任職華山基金會麻豆站，目前正在幫忙籌募愛心年菜的款項。資金缺口還有十五萬餘。若你願意幫忙，就一同來資助，讓老人可以過好年。一份不嫌少，多份不嫌多，有能力付出是一件快樂的事。若有相關問題，請洽施站長。」

我用幫華山募年菜款項的善緣開啟這場公益演講。而有趣的事情竟是這個我幫華山募款的小插曲。當結束講座時，一位斯文的年輕人跑來台前，興奮的告訴我，他就是華山麻豆站的站長施金翰。當他看到我在台上分享這個故事時，他非常激動，也很感謝我願意幫忙募款。

經了解後，我終於知道我幫忙華山的緣由。原來，金翰是台南大學的畢業生，子歆是他的老師。後來，子歆請他回學校對在職碩士班的學生分享他的公益之路，才得知華山的年菜需要幫忙募款。子歆知道我熱愛公益，才會請我幫忙。

我純粹受到好友的請託而幫忙，壓根不認識金翰。想不到，過了幾年之後，我們竟能在華山的演講場子相遇，這是一場美麗的邂逅大戲。而這件事也給我一個感觸，這個心得是：「和你有緣的人終究會在生命中的某個時刻與你相逢」。「助人為快樂之本」，是我貫穿整場演講的主軸，也是和這群愛心義工的最大共識。告辭前，我告訴佩伶，若是庚子的農曆過年，老人年菜款項勸募需要我協助，當義不容辭幫忙。

演講過後的兩個月，佩伶便傳訊息告訴我，因為新冠疫情作怪，百業蕭條，位處台南偏鄉的東山、白河、後壁等區的募款金額缺口頗大。問我是否可以和她們到東山訪視老人家，經由了解當地老人的現況後，再逕行評估募款事宜。

我回佩伶，當然好啊！

就這樣，我們在約定好的時間，到東山區的吉貝耍國小會合，一起上山探望兩位獨居老人。當區站長大寶開車載著我與佩玲還有一些物資沿著荒涼的山路，三轉四轉，穿過多條羊腸小徑才到目的地。

我們探視的是兩位接近八十歲的阿嬤與阿公。最近，阿嬤的腳受傷，得了足底筋膜炎，走路很痛，我們特地帶上新的鞋墊，重新鋪在阿嬤已經穿了快十年的運動鞋。看著阿嬤的鞋子，如果以我的標準，這雙鞋早該淘汰（鞋底凹陷、鞋緣破裂），但阿嬤沒錢只好繼續穿，實在也蠻感慨的。

另一個個案是阿公。阿公在年輕時，因為發燒延誤就醫，導致輕微精障。生活雖然可以自理，但失去與人溝通的能力。看到我們帶去的衛生紙與幾雙保暖襪子，顯得非常開心。我心裡想著，原來他們只要有簡單的物資就能開心一整天。

再加上住在偏僻的山區，非常孤獨，看到我們去探視，高興得不得了。

我將這趟探視之旅寫成文字分享在臉書上。我說，這只是其中的兩個案例，華山全台有兩萬多名的老人需要關懷。我希望臉友們能和我一起共襄盛舉以募到二十萬年菜為目標，給沒錢的老人過個溫暖的好年。我相信幫助老人，就是幫助未來的自己。

最終，經由我臉書平台的真情呼籲，竟然募到四十萬，比原先設定的二十萬，足足多了一倍，這代表我的朋友都很有愛心，也證明台灣最美麗的風景是人啊。

而這次的募款活動，有三個回應訊息讓我想要分享。其一，一位朋友說近來沒有工作所以手頭較緊，問說可不可以匯少一些。我說金額不是重點，願意助人的心才是亮點。

其二，另一位朋友說，她剛領到公司發的年終獎金。她把年終獎金的第一筆支出用在老人的捐款上，她感到非常幸福。聽到這個故事，我也覺得很溫暖。

其三，一位女性朋友原先存錢想買一個包包犒賞自己，但因為超出預算遲遲沒有下手。但看到我要募資，二話不說馬上匯款。她說，跟著我做愛心比買包包讓她更感快樂。

快樂就像香水一樣，當你灑向別人，自己也會沾到一些。幸福之人，必有幸運加持。**而幸運來自於三把快樂鑰匙，分別是「利他的胸襟」、「夢想的格局」和「感恩的態度」**。

一篇生日文，竟能延伸如此快樂的迴圈，真是美好啊！

如何善用人脈連結

「吳大哥，你方便在下個月的二十五日下午兩點來台北幫我們的ＶＩＰ客戶演講你的公益經驗嗎？」我看完行事曆之後，馬上回說：「沒問題！我的榮幸，能上去和妳與李醫師見見面真的很開心。」「太好了，細節我再發信告知喔。」

這場下午茶講座是李承鴻皮膚科診所專為院內醫美頂級客戶所舉辦的春酒饗宴，主題是「造福鄉里，愛行千里」。上半場希望我能分享如何善用人脈連結為弱勢團體募款的做法。下半場則是舉辦義賣，把當天客人購買物品所得全數捐給無國界醫生基金會。

問我是否可以上台北演講的人是品儒。她是台北李承鴻皮膚科診所的執行長。也是李醫師的太太。李承鴻皮膚科在台北北投區頗負盛名，主要是李醫師醫德醫品兼具，仁心仁術，再加上整個醫療團隊用心善待病患與客戶所致。

我和李醫師夫婦因為銀行業務往來而認識。雖然我早已經離開金融業多年，我們卻還是非常要好的朋友。原因很簡單，因為彼此價值觀契合啊。

或許有些讀者會疑惑，長年來，我明明都在南部上班，怎麼會有台北的客戶呢？這就是我這篇文章想要分享的三大主軸，談談業務與人之間的關係。三個重點分別是，第一，業務創意無極限。第二，客戶拜訪無界限。第三，客戶需要就出現。

一，**業務創意無極限**。

二〇一五年，當我還在遠東銀行嘉義分行擔任分行經理時，我出版了人生第一本書《成為別人心中的一個咖》，裡面寫著關於我的「熱情」二三事。雖然出書不在我人生的計畫中，但若是我的故事可以激勵讀者變得更好，那寫書對我而言就是一件有意義的事。

「業務」之於我，就是貴人的象徵。因為做業務，除了讓我快速升官加薪外，也讓我對人生有更深的領悟。而做業務的箇中奧妙，不僅要有勤勞的精神，也要有創意的思維，兩者兼備更能事半功倍。

我常說：「客戶是寶，越多越好。」客戶要怎麼變多呢？當然是「客戶介紹客戶」最快啊。老客戶一句話，抵過你自己說的一百句話。所以打從業務生涯的開端，我就很在乎與客戶的定期聯繫。

因為出書之後，「書」就成為我的大名片。相較於其他人薄薄的名片，我的一整本的確吸睛。透過以書會友或會客，讓我業務進展更加順利。

也因為出書的緣故，讓我演講的邀約大增，代表著能認識更多人的機會變大了。而這對做業務而言，絕對是加分的。話雖如此，我不會因為有更多的接觸點，就以演講之名，行銷售之實。這一定會讓人感到不舒服的。因為沒有信任基礎的業務關係，是沒有辦法長久的。

有一回演講，我認識一位新朋友莎莎。莎莎是生技公司的高階業務主管。因為聊得來，我們就比較常聯繫。後來我心想，莎莎的工作讓她有機會接觸醫療體系的專業人士，如果她能幫我介紹一些客戶那就太棒了。

很快的，我就向莎莎提議，希望用我的書當媒介，如果她去拜訪客戶，也可以順道將我的書送給他們，期望有緣人看了我的書會喜歡，進而有機會彼此認識。

或許真的有緣！李醫師與品儒就是因為我的書成為好朋友的。

二，**客戶拜訪無界限**。

雖然李醫師住在台北，我在嘉義上班，但我不會因為距離因素就放棄可以往來的機會。業務的戰場是無國界的，只要客戶信任與時間允許，能攻城掠地就不要放棄。

沒錯，一開始我花的交通時間會比別人高，但這不是我在乎的，我在乎的是善緣；我在乎的是能不能幫到客戶；我在乎的是長久的朋友關係。我認為，做業務會成功的另一個關鍵，就是你不會與客戶斤斤計較。因為你會計算，客人也會算計。只管真心對待，你在客戶的心中便是無可取代。

我在《成為別人心中的一個咖》有寫到一個故事。也是關於遠距離的業務成交案例。當年，我的會計師朋友介紹一位在台北欲買房子的重要客戶給我。因為會計師的介紹，我根本不需要多做介紹，我很清楚客戶對我的信任感，是從會計師這邊延伸的。

經由幾次的拜訪與解說，客戶非常放心將貸款問題交給我處理。不出幾周的時間，這個案件我就順利結案。不僅得到客戶的讚賞，也沒有辜負會計師的託付，更值得一提的是，這個大案件讓分行的業績大進補，讓我當月的績效名列前茅。

當一個人有成功經驗當強心針時，接下來相同的情況再發生，他都會視為好事。所以，當莎莎幫我介紹李醫師之後，我便很積極的北上拜訪，但我想認識李醫師除了業務往來外，其實還有一個重要的原因。就是「助人」。

我曾經在公開演講的場合上說，我想要認識更多的醫師。聽眾一開始會以為我是不是體弱多病，否則為什麼要認識這麼多的醫生。當我說出緣由後，聽眾就全懂了。

我說，人是血肉之軀，生病難免。如果我的親人、朋友、同學、鄰居、同事、臉友，有需要醫療諮詢或手術診治的協助，而我有豐沛的醫師群智囊團可以請求幫忙，這樣是不是很好呢！健康是人生的最大財富，提供即時且溫暖的資源給身邊的人，讓大家都開心是我的初心。

這些年來，包括我和許多好朋友，都曾經到李醫師診所求助皮膚的相關問題。我深深覺得，李醫師真的幫助我太多了。所以當品儒問我可不可以北上演講時，我二話不說，一定要去報恩的啊。

三，**客戶需要就出現**。

做業務，專業是底氣，服務不離棄，格局要大器。身為頂尖業務該思考的，不只是求客戶給你業績，若能換位思考，有什麼是你可以給客戶的，彼此有來有往，關係必能更加長久。

因為自己數十年的工作經驗，讓我在職場大小事有更多的經驗可以分享。我遂將之發展為業務拓展利器。我在拜訪公司行號的客戶時，我會告訴對方老闆，我可以無償幫貴公司員工上好幾堂關於「業務」與「熱情」的課程。藉此協助老闆提升員工的競爭力。

與李醫師越來越熟之後，我自動請纓想要幫他診所的夥伴們上課。眾所皆知，醫療業越來越競爭，也需要做好顧客關係管理，若能強化員工服務素質，有助於客戶的滿意度。

就這樣，我不單單只是熟識李醫師夫婦而已，連他們診所的員工我都有機會順便認識。當然，最重要的是，李醫師喜歡我的貼心服務與對他員工訓練的成果。這些種種的善緣與連結，讓我和李醫師夫婦關係更好。

以上三點，是我多年來想要把業務做好的幾個經驗談。希望對你有幫助。

人脈的終極目的是利他

很多年前，我從書上看到一個故事，內容如下：

大衛是一位高中籃球校隊的明星球員，因為表現優秀進而拿到全額獎學金保送進大學。但因為嗑藥而被退學，不僅獎學金沒了，連他想要進NBA的美夢也破碎了。

不得已，失學的他只好到酒吧打工，過著一邊戒毒，一邊賺零用金的小日子。

有一天假日，大衛下班後，開著車要回家，行經某個街口，看到一個小女孩在自家門口賣檸檬水。不知怎麼了，大衛雖然車開過頭，但就有一股衝動想要幫小女孩買檸檬水，於是又轉頭回去，停在攤位前面。

他問小女孩一杯檸檬水多少錢？「二十五分錢。」小女孩說。大衛說他要買一杯。於是小女孩就跑進去家裡倒檸檬水。此刻，大衛走回車上，將車上零錢箱的銅板全部挖出來，這是大衛在酒吧工作的小費，大約有四十美元之多。

當小女孩把檸檬水遞給大衛時，大衛將全部的銅板一把又一把放進小女孩的小手掌。小女孩被大衛的舉動嚇到，眼睛閃閃發亮，非常開心的跑回屋內。

大衛把車子開走後，原先他的心情非常愉悅。但接著竟有一股情緒湧上心頭，控制不住開始大哭，哭到不得不將車子先停在路邊。（當我讀到這邊時，也很想哭，我能理解大衛的心情。）

大衛說，這是他一輩子可以為某人無償付出。也是這輩子願意將別人擺在優先的位子。突然他找到自己存在的價值，可以成為更好的人，就是為別人奉獻。更重要的是，他想要分享這股力量，讓更多人可以成就更好的人生。

看完後，我真心覺得這個故事的核心價值就是「利他」。

我常說：「人脈的終極目的是利他。」認識越多人，不是成就自己，而是有機會幫助別人。當幫助別人的能力越強，自己的幸福指數也就越高。

臉書，是社群平台。對多數人而言，就是連結人際關係的脈絡網。發發文，抒發心情很好；打打卡，分享樂事很棒。這也是我用臉書十多年來的常態。但後來我發現，臉書對我而言，還有一種強大的功能。就是把它當成「助人」的工具。

二〇一六年是我用臉書來募款的起始年。關於募款的方式與做法，我有三個基本原則。第一，我會親自到需要幫助的現場了解情況，經評估可行後，再將訊息公告在我的臉書上。第二，對臉友的募款，都以小額（一千或兩千）為單位，讓多數朋友可以共襄盛舉，一起參與，也不會有壓力。第三，結案後，在臉書公告善款匯出收據等相關證明，以昭信守。

這些年來，因為結交的朋友越來越多，讓我每次的募款案子都能順利完成。

當然，也因為有口皆碑，謹慎行事，具有良善的信任基礎，讓更多朋友願意爭相資助，共同完成助人的善業。這是我使用臉書最大的成就感。

我想要分享兩個募款的公益案子。恰巧都和交通車有關。藉此讓讀者知道執行的過程與心得。

第一個是高雄桃源國中交通車的募款案子。

我寫的內容如下（二〇一九年十月十七日發文）：

我要募款二十五萬，每人二千元，一百二十五位朋友。

好友建智告訴我，位處南橫公路的高雄桃源國中需要一台七人座廂型車讓部落的孩子可以搭乘。

聞訊後，我和建智相約上山拜訪陳世明校長，主要目的就是要了解這台車子對學校學生的必要性。當天，我從台南市區出發，穿過甲仙、越過六龜、跨過寶來，才辛苦地抵達學校。這趟行程約莫開了兩個多小時。我當下就感受到這台車子對孩子的迫切性。

過往，學校沒有廂型車。每每要到各縣市比賽，總是要兩位老師開著兩台車才能接送孩子下山，非常不方便。甚至因為路途遙遠，孩子放棄很多到外頭看世界的機會，非常可惜。

全校學生大約有七十位，多數是布農族的原住民。他們具備唱歌與舞蹈的天分。近期也在發展射箭與舉重。看著這群天真無邪的孩子，只因地處偏遠，被交通工具所限制，實感不忍。

經建智詢價中古車行，目前一台七人座的廂型車大約四十萬左右。我發心要幫孩子募款。很感動的是，前些日子因為我到高雄科技大學演講，順道將此事分享，得到台下兩位企業家的大額贊助。一位是建設公司老闆，也是我的好友秀華姊，她捐贈十萬。一位是慶鎂企業總經理侯慶宗先生，他要出資五萬。在此非常感恩。大大減輕我的募款壓力。

如果你願意和我一起共襄盛舉，幫助學校的學生，請在下方留言板＋1，我會發私訊與您聯繫。一起用小錢來幫助別人，是一件幸福無比的事。

第二個是屏東向陽關懷協會交通車的募款案。

我寫的內容如下（二〇二〇年八月二十一日發文）：

我要募款三十萬買一台中古車，每人二千，一百五十位。

幾年前，我認識屏東向陽關懷協會的林慧蘭老師與一群課輔班的孩子。這群學童多數是家境清寒、單親與隔代教養居多。目前有四十位中小學孩童在這邊接受課後輔導。協會位於屏東的佳冬鄉，是一個靠海的偏鄉聚落。

協會每天接送孩童回家的廂型車已被修車廠師傅告誡，這台車不能再修理了。因為整個底盤已經鏽蝕非常嚴重，若再持續使用，隨時會有故障的風險。

會鏽蝕的主因是，一來當時這台車也是經由二手募得，車況本來就不好；二來，因為協會就位於海邊，海水的鹽份長期腐蝕車子所致。

我驅車到屏東向陽協會找慧蘭老師，除了清楚目前協會的運作外，也順便了解車子的使用狀況。真的，這台車子，已經到了快要報廢的地步。所以，幫助這群孩童能夠安全回家，就成為我募款的主因。

聊天中，我聽到一個還蠻辛酸的分享。慧蘭老師說，有一回要帶學生們到南投參加飛盤比賽。因為知道只能用這台車子代步，但又怕故障在路邊，所以她事先把道路救援電話與相關文件都備齊，就是怕到不了目的地才是最糟糕的事。

來吧，一起來幫助這群孩子。希望大家一起共襄盛舉，你的兩千元，購買一台愛心車，讓他們安心回家。如果你願意幫忙，請在留言板＋1，我會用私訊與您聯繫，讓我們用愛助向陽，孩童有車喜洋洋。

以上這兩個公益案子都非常順利達標。更值得一提的是，桃源國中的交通車，本來只是要買中古車，後來很多朋友都向我提議，位處高山的學校，買新車比較安全。最後經更多朋友分享支持，真的募到八十萬，買了一輛新車。可見我的朋友們都很有愛心。

針對每次募款都能成功，我覺得有三個關鍵要素可以分享。

第一，募款文的內容要能讓臉友感同身受。也就是說，文章讀起來有畫面，彷彿身歷其境。更重要的是，用情感帶出共鳴性，讓惻隱之心真情流露，人們願意幫助的機會就會大增。關鍵在於文字力。

第二，如同我前述所說，募款的三個原則，是我的標準作業流程。因為我在乎每一位朋友的錢都不會被濫用，必須要徵信清楚，調查明白才會執行。這般清楚透明的做法，博得朋友的認同。關鍵在於信任力。

第三，開始用臉書募款時，我從兩萬的小金額開始，後來才有能力募五萬、再到十萬。漸漸的，越來越多人的響應與支持，我才把金額擴大到二十萬或三十萬。所以關鍵是，不要自不量力。

我總是告訴自己，**可以助人是利己，若想成功不擁擠，行善利他多補給**。以愛心為基礎，以關懷為核心，以付出為己志，以利他為初衷，這等美好人生，就該如此定義啊。

在此，謝謝臉書。我感恩這個好平台。

「廣結善緣」的力量（上）

這篇文章的主題叫做「廣結善緣」。

很冒昧地邀您加為好友，拜讀大作《成為別人心中的一個咖》，發現您有很多人生的觀點與做法，讓身為公務員的我感到值得推廣到公部門。

接任戶政所主任職務一年來，我試著要攪動同仁守舊固著的心，希望大家願意多用心觀察體會民眾的需求，成為他人生命中的祝福。台東是一個好山好水的地方，但卻有好多需要幫助的民眾，我很希望在自己的單位裡，同仁們都能樂當助人的天使，讓社會充滿更多的愛。只是愚拙的我始終找不到如何推動的力量，如有可能，願您能指導。

某天我的臉書私訊捎來這則陌生訊息。讀完文字後，不假思索，我就按下加友鍵，成為臉友。這個簡單到不行的一秒按鍵動作，延伸到後面便是一篇長長的人脈故事。而與斐君成為朋友之後，我的人生從此與台東結下深厚的善緣。

斐君現任台東縣政府民政處副處長，時任台東戶政所主任。說來好玩且有緣，為什麼斐君會看到我的書呢？原來當年他的戶政同仁澤佳，把我的書當成聖誕禮物分送給同事，斐君看完之後才與我聯繫的。

斐君是一位積極又行動力極強的主管。很快的就安排我到台東戶政幫她的同事們上課。更甚者，在隔年的年中，我出版第二本書《從卡關中翻身》之際，又邀請我到台東幫縣內的戶政同仁上一堂課。那一次，規模頗大，連顏志光處長都親自出席，讓我印象深刻。

也因為這兩場演講，讓我認識許多台東的新朋友。其中包括，台東縣府社會處的幸錦科長。也因為斐君與幸錦出現在我的生命中，成就我第三本書《觀念一轉彎，業績翻兩番》台東場的新書發表會，也是我後面想要分享的重要觀念，關於「廣結善緣」的力量。

在與斐君認識之前，我與台東最深的連結就是每年到台東縣成功鎮的成功商水演講。十多年前，我還在銀行上班，擔任金管會銀行局走入校園宣導理財的講師，因為講座緣故認識商管科的鄭主任。也在那當時，我才發現偏鄉的教育資源與都市差異頗大。我便發願，只要有偏鄉學校找我演講，我一定要排除萬難前往。就這樣，我每年都受鄭主任邀請，和孩子聊聊理財與人生。

二〇一九年初春，鄭主任又來信邀請我到學校。恰巧，我的新書《觀念一轉彎，業績翻兩番》剛出版。我忖思著，如果跑一趟台東，又順便在台東辦一場新書發表會應該也不錯，這是一石二鳥之計。

有了這個想法後，我便聯繫斐君，希望她能幫忙台東場的新書發表會。

執筆至此，我想要傳達一個「我為人人，人人為我」的人際關係法則。什麼意思呢？就是我們生活在這個娑婆世界，不可能獨立自身，每個人都需要被幫忙。既然需要被幫忙，那有能力的時候幫忙別人也是應該的。

我相信你和我應該也會有相同心態。就是某件事情需要朋友大力幫忙，而這個朋友你已經多年沒有往來，當你希望這位朋友真的能幫忙時，你心中會有忐忑不安感。是不是會覺得自己太現實，平常不聯繫，一打電話就要請人幫忙，好像有些不好意思。但是兩人若有常常聯絡，就不會覺得唐突，也就覺得互相幫忙是應該的。

所以當這位朋友有情有義，答應請求，願意拔刀相助時，你一定很感動。感動世間最美是溫情。你也會在心中默默許下一個承諾，爾後這位朋友有需要幫忙的地方，一定赴湯蹈火，加倍奉還。除了「得之於人者太多，那就謝天」的感恩心態外，若能在真實世界幫助別人才是快樂的。

基於多年的有來有往，我開口請斐君幫忙，便得到她非常樂意的應允。讓我喜出望外的是，斐君還找來幸錦一起幫我，更是感動。

幸錦與我相遇始於第一次我到台東幫縣府演講的場子。當時是斐君邀請她的。當天我們並沒有聊到天，但有加臉書成為臉友。過了幾周之後，我在臉書發起一個公益募款案，想不到幸錦主動發私訊給我，說她要捐一萬元，才真正開啟我們的對話。

我永遠記得她傳給我的一段話，幸錦說：「您來台東的演講，我是受歐主任邀請參加。那天聽完真感動，到誠品買您十本著作送人，雖然沒有您的親簽，但讓閱讀的力量傳下去，是我的小小希望。」這真的是身為作者莫大的感動。

接下來，幸錦便非常熱心與我討論新書舉辦的地點。我原本想著，台東的誠品書店、或縣府的會議室都是可行的場地。我明白以我的知名度，聽眾能來個三五十人就已經很圓滿了。

想不到，斐君與幸錦把場子搞大了。

她們在地方大力宣傳我的演講有多棒，又邀約許多在地的公司行號、金融保險業，甚至也請公益團體一起共襄盛舉。後來報名出奇踴躍，造成人數爆增，便又與當地五星級桂田喜來登飯店租借場地，搞出一個劇院級的演講空間讓我開講。

就這樣，這場講座成為我當年新書發表會最大也最優質的規模。有四個亮點值得分享。第一，現場來了三百多位聽眾，把現場的位置都坐滿了。第二，由台東縣政府主辦，連時任副縣長的張志明教授都親臨現場致詞。第三，台東誠品書店進駐飯店幫我賣了一百本書，服務人員告訴我，搬去的書全賣光了。第四，當地的報紙廣播媒體紛紛來採訪我，把我的演講變成一則新聞放送。

張志明副縣長在他的臉書也幫我分享他的聽講心得。他寫說：「由縣政府社會處在台東桂田喜來登酒店辦理了知名作家吳家德的精采講座，志明特別代表饒慶鈴縣長來致意，在聽講座前志明已經拜讀這本書，甚是喜歡。家德兄傳遞的觀念不僅是對於業績翻倍，也適用於每個人在生活及工作職場的觀念轉彎。家德用許多趣味動人的小故事，來讓聽眾更能夠體會，學習雖要付出代價，但不學習代價更高，人脈的建立，能結交朋友來成就他人是幸福的。」

這則故事，給你什麼啟發呢？我自己歸納三個重點。

第一，善行就在「一念之間」。十多年前，我願意幫偏鄉孩童演講的種子一種下去之後，整個善行就開始傳遞。一直遇到斐君與幸錦，便開花結果。

第二，平時人與人的互動就該多一些，沒事都可以噓寒問暖，廣結善緣。否則等到真的需要找人幫忙時，才不會發生無人可找的窘境。

第三，記住有恩於你的貴人。斐君、幸錦、張副縣長都是我的恩人。我真心感恩他們的協助，成就我在台東的美好回憶。

你以為講座的故事至此結束了嗎？沒有耶！後面又發生與這場講座連結的好故事，請看下一篇分曉吧！別走開，真的很精采。

「廣結善緣」的力量（下）

結束三百多人的演講之後，你覺得聽眾與我各自會有什麼收穫呢？

如果我講得精采絕倫，絲絲入扣，聽眾有機會從我的故事找到觸動與啟發。可能會感受到我的正向積極，也試著讓自己樂觀進取，當一位熱情之人。抑或希望未來的日子，能夠幫助別人獲得快樂，成為一個善良的人。總之，一場演講若能讓多數聽眾引起共鳴，產生「有為者，亦若是」的心態就有價值。

而我每次的演講，最大的收穫是，「不用費力」的認識新朋友。這裡的「不用費力」意思指，我已經在台上講了兩個小時，若是認同我的理念與想法，一定會自動靠過來，很容易一拍即合，成為朋友。

當天，現場除了賣出一百本書外，更開心的是，每一本書我都親簽，也和想要合照的聽眾一起入鏡。當然，藉由簽名的空檔，與買書人聊上兩句更是快樂。我一直很感恩願意買我書的有緣人，是這群挺我的讀者，讓我更有力量寫下去。

順利完成活動，回到旅店房間休息時，我收到一封簡訊。傳訊息給我的是彭韻潤小姐，她是三百位聽眾之一，也有和我合照。她知道我隔天要到成功商水演講，問我是否有空從學校回程的路上，可以找我喝杯咖啡，聊聊人生，她說她非常認同我的業務精神，希望有機會多交流。

基於不趕行程，又有一面之緣當助力，我當然非常樂意赴約。不到二十四小時，我們便又見面了。韻潤是房仲業的頂尖業務。的確，當天我們聊了一些關於做業務的觀念與想法。但這場會面並不是故事的主餐，只是前菜，重頭戲是在八天後開始上演。

一如往常的上班日，我接到韻潤的手機來電。接通電話的當時，聲音有些吵雜，原來她在火車上打了這通電話。她提高嗓門告訴我，她在火車上認識一位小學校長，這位小學校長需要幫忙，她直覺我是可以幫忙的人，所以打電話給我，問我可以將我的手機號碼給校長嗎？這位校長他會打給我。

當我聽到「需要幫忙」這四個字時，我的本能直覺馬上說「好」。說實話，我是不是真的能幫忙，又能幫到哪種程度，其實我也不知道。但只要聽到「幫忙」這個關鍵字，我的腎上腺素就會發作，彷彿吃了興奮劑，會很開心。

果不其然，不到十分鐘，我的手機就跳出一個新朋友加 Line，他是田楊橋校長。田校長在 Line 上很有禮貌的寫了一段自我介紹，他說：「很榮幸能認識您，我是花蓮縣卓溪國小的校長田楊橋，在偶然的回家車上，巧遇同坐的彭小姐，在談論中他說要介紹您給我認識，謝謝您。」

原來，韻潤搭火車要回台東，恰巧與比鄰而坐的田校長閒聊認識。在談話中，田校長告訴韻潤他目前有一個困境，就是需要募款。因為卓溪國小即將要代表國家隊，在幾個月後到美國北卡羅萊納州參加第一百三十五屆的國際射箭邀請賽，比賽經費雖有原住民委員會、外交部、花蓮縣政府、卓溪鄉公所等單位贊助，但仍有資金缺口數十萬元。田校長很為此傷腦筋，才會向外尋求協助。

韻潤從上次的演講得知，我每年都會訂下募款一百萬的目標，想起或許我可以幫忙，遂讓田校長聯繫我，確認後續募款的可行性。

世界真的很小，當田校長聯繫上我時，我才知道校長任職的學校是卓溪國小。卓溪國小之於我，有一個記憶點，我印象深刻。因為我曾經在十多年前奉金管會銀行局的指派，到學校幫孩童演講理財。當年，我開車繞過半個台灣，才到這個小學。老師親切，孩童純樸，是我所難忘的。

原先，為了這個募款案，我答應田校長要到花蓮卓溪國小拜會他，彼此詳談，確認需求，再寫出募款文向臉友告知。後來因為我工作較為忙碌，便遲遲無法抽出時間前往。我心想，如果再這樣下去一定會耽誤募款的黃金時間，遂向田校長提議，可否請他到台北一趟，我也北上，彼此相約在台北車站見面，讓募款案可以往下進行。很快的，便得到校長的答應。

我們依約見面，聊了許久，我發現田校長具有深厚的教育使命，為了提升孩子的射箭技能，不斷的找教練找經費，整合射箭資源，目的就是要訓練國手，代表國家，為國增光。他為人謙和，非常客氣。當我聽他說，為了籌措經費，四處請人幫忙的狀況時，我真的非常感動，感動田校長為選手無怨無悔的付出。

見完面的隔天，我便寫下募款文，希望朋友們一起來共襄盛舉這個案子。最終，大家很給力，集結眾人的愛心，在比賽前兩個月募得二十五萬，匯入學校的專戶。

完成募款後，田校長就一直希望我能夠在小選手尚未出國比賽之前，到學校走走，幫孩子加加油，打打氣。基於上次太忙無法成行。這次我排除萬難，安排了兩天的時間，專程到花蓮卓溪，和校長與選手聚聚。

約定這日，我來到卓溪國小的體育場。田校長非常用心安排，除了讓小朋友熱情的歡迎我，也隆重向我介紹每位國手的來歷。之後每位選手紛紛露一手，展現百步穿楊的好實力給我瞧瞧。

田校長也請我和大家說說話。我告訴孩子，一定要有感恩的心，一來，感恩校長用心栽培，沒有他的付出，就不可能有機會出國比賽。二來，感恩一百多位臉友支持，謝謝他們的善心，才得以讓經費足夠。

最後，我告訴小選手，若能在這次比賽穿金戴銀載譽歸國，我會請他們到台南玩兩天，看古蹟，吃小吃，藉此激勵他們得到好成績。他們露出非常期待的表情，因為這群部落的孩子多數都沒有到過台南呢。

幸運的事真的發生了。

兩周後一早起床，打開手機，我看到田校長傳來一則好消息。他說，小選手們將士用命，總計獲得五金四銀一銅的好成績。我馬上回訊息說：「大恭喜，請幫我轉達孩子，我會履行承諾，請小選手來台南玩喔。」

選手回國後，馬上得到花蓮縣長親自表揚頒獎。之後，我便與田校長保持聯繫，希望能安排兩天一夜的行程來台南。但，天不從人願，若不是我有行程，就是選手們有比賽，一直無法成行。

我心想，既然孩子暫時到不了台南，那就換我去找他們吧。我再度前往花蓮，請選手們吃一頓遲來的慶功宴。我還是告訴孩子，希望未來有機會再請他們來台南玩。我願盡地主之誼，好好款待他們。我也告訴田校長，未來學校有需要我幫忙的地方，都非常樂意幫忙。

這個故事，又給你什麼啟示呢？我還是有三個重點可以分享。

第一，只要你用心過日子，故事就像連續劇，永遠有趣。

第二，你以為我幫卓溪國小募到款，其實我想的是，是卓溪國小讓我有募款的機會，其實我才是受惠者。

第三，縱使想要請客，也不是一件容易的事，好好珍惜與朋友聚餐的機會。

人脈的延伸延伸再延伸

飯店大廳的某一面是酒吧；酒吧後頭的櫃子有一整排酒；一整排酒的中間放置一個大瓷盤；內白外綠的大瓷盤有人簽名；裡頭用黑筆寫著「熱情驅動世界」與吳家德；時間印押在二〇一九年五月二十二日。

我不是大人物，但我的簽名真實烙印在瓷盤上，還被擺在飯店大廳裡。這是怎麼一回事呢？起源是一場偏鄉理財演講。請包涵這篇文章從頭到尾會有較多的人物出現，不是我刻意要搞混讀者，只是想要用時間序列，有邏輯化、因果性的把故事展開。彷彿我們的人生從小到大，慢慢長大，有其原因的。

MALIBU
熱情驅動世界
2019.5.22

二〇一八年的初春，我到台南後壁圖書館演講，演講題目是：「幸福理財，樂活人生」。對於演講理財相關的議題，對待過銀行二十年的我不是問題。但你可能會問，為什麼後壁圖書館會找我去演講呢？就是我開始要講關於一連串人與人之間美好的緣分故事。我將之定調為：「人脈的延伸延伸再延伸」。

事出必有因。因就是心的念頭。心之所向就是因，之後會隨著作為產生果。因果寫下我們人生的劇本。我們都是演員；老天才是導演。你演得好，老天給獎賞；你演壞了，老天就懲罰。但劇本不是寫死的，導演會看演員的認真程度而適當的修改劇本。劇情會有高低起伏，美麗醜陋，其實都是我們心念所致。

後壁圖書館的承辦人員婉茹會找我演講，起因於他認識將軍圖書館的承辦人員佩芬。某日，婉茹問佩芬是否有認識的理財講師可以介紹，佩芬不假思索的介紹我。佩芬又如何認識我呢？緣起於我們有共同的朋友意萍。意萍是社區大學的講師，跑了很多鄉鎮的圖書館所以才認識佩芬。那意萍怎會介紹我呢？原來，多年前我們一起參與一場公益活動有緣而認識。正如同我在其他篇文章寫的，「參加活動」就有機會認識生命中的貴人。

但「有緣」怎麼個有緣法呢？有緣就一定熟識嗎？有緣意萍就要介紹我去將軍圖書館演講嗎？為何她不介紹別人，一定要指名我呢？關鍵在於「關係」與「信任」。我與意萍不就只是在公益活動的一面之緣，雖然有關係，但信任在哪裡呢？原來，那場公益活動結束後，意萍請我幫一個忙，我義不容辭答應，也做到了，讓她很感動。

了解了沒？原來「助人」是可以得到「信任」的。所以這邊有一個小結論：「喜歡幫助別人的人，比較容易被別人信任。」

佩芬因而聯繫我，問我可否到將軍圖書館演講理財？重點又來了，將軍是偏鄉，偏鄉只有老人與小孩，會有年輕人來聽我講理財嗎？你想的和我想的不一樣，我不是看「很多」才去，我是看「還有」就去。我心想，偏鄉資源匱乏，若能幫助那邊的學生、年輕人或上班族，不管幾個人都是有意義的。更何況佩芬那麼有辦學的精神，一定要挺她的。

你看，是不是都是「信念」的問題。當心念一轉，「儘管付出」就是熱血的代名詞。那一次的演講，我認真以對，除了和佩芬產生友誼的「關係」外，也建立了「信任」的基礎。

所以當婉茹請佩芬介紹到後壁圖書館演講的講師時，佩芬的不二人選就是我。以上就是說明為何會到後壁圖書館的因與果。接著我想要說，每一個「果」，都有可能再轉成「因」，因為生命是持續的，恆久的，生生不息的。

你到過台南後壁嗎？我很喜歡後壁。就是一望無際的稻田與仍然到處可見的農家風情。當天的理財講座我提早到後壁圖書館，除了把設備架好外，也能慢慢感受鄉村美景。

我不知道最後會有幾位聽眾來參加。心想，五個也好，十個也行，只是告訴自己，就是好好分享「幸福理財，樂活人生」的觀念。讓婉茹與有緣來參加的聽眾滿載而歸是我的目的。

走入圖書館演講廳之後，才知道有一位追蹤我臉書的朋友專程前來，她是馨儀，謝謝她老遠從台中下來，很感動。演講後，她在臉書寫下聽講的心得，我轉載她的原文。她說：「從《成為別人心中的一個咖》認識作者家德老師。『熱情驅動世界』是他的座右銘，影響了我。主動追蹤他的臉書，進而得知這場理財講座，然後有幸與偶像留下了合照。熱情不是我的本性，但我可以學習，因為『熱情』這件事，能獲得及能給予別人的比想像中來得多。」

開講後，在席間又看見一位朋友，他是炫橦。若沒記錯，炫橦是因為我多年前到新營生達製藥演講時認識的。我記性算不錯，看到他的臉龐，一眼就能認出他。馨儀與炫橦出現在我眼前的意義讓我確信，寫書與演講真的有正向影響別人的力量，所以我一定要繼續寫下去、說下去。

如同一開始馨儀會買我的書是我不知道的，同樣的，在後壁圖書館的二十多位聽眾，也一定有我不知道的人在裡頭。而文秀就是其中一位，她的出現，得以讓這篇文章的故事繼續寫下去。文秀是從彰化嫁到台南的媳婦，家剛好就在後壁，她喜歡參加圖書館的各項活動。

或許我在後壁圖書館賣力的演講得到文秀的好評。她也就默默追蹤我的臉書，但我卻不知道。更好玩的是，文秀有一群姊妹淘，她在姊妹淘的聚會裡提到我，也讓她的姊妹淘追蹤我的臉書，但我依然不知道。

二〇一七年的夏天，我在嘉義人文新境牙醫診所有一場《從卡關中翻身》的新書發表會，文秀看到了這則演講訊息，趕緊告訴她的好姊妹，也就是在飯店任職的雅然和在傳產工作的凱好。她們兩位因為有著和文秀的好關係與信任感，願意從台中到嘉義聽我演講。而當年她們三人一起來聽我演講的事，我還是不知道。

兩年後，也就是二〇一九年的三月，我出版第三本書《觀念一轉彎，業績翻兩番》到台中舉辦新書發表會時，在台中上班的雅然特地來參加。有別於上次在嘉義的那一場講座，我們只有合照沒有聊天，台中這一次我們不僅有聊天還交換名片，算是真實認識了。而我也請雅然加我臉書，讓我也可以看到她的動態。

有趣的事情繼續發生。結束台中場的新書發表會，幾周後，我再度到嘉義人文新境牙醫診所舉辦新書發表會。診所負責人是永山與帛霓夫妻檔，每次我的新書有出版，他們總是熱情的邀約我到診所舉辦講座。算是我的嘉義大樁腳，非常感恩他們。若你問我為何會認識這兩位牙醫師，這又是一連串的因果，總之，都是朋友口碑介紹的。

雅然從臉書得知我又要到嘉義演講的消息，這次她推薦她的飯店老闆 Erica 可以前去聆聽。可想而知，這個舉動，我一定不會知道。試想一件事，Erica 不認識我，我也不是什麼大人物，台中精采的講座又那麼多，Erica 何必放下繁忙的公務跑到嘉義聽我演講呢？答案是：信任朋友的「口碑」。

緣分繼續走下去。當我和雅然成為臉友之後，她私訊給我一段話，我同樣轉載她的原文：「在人文新境診所聽到你的演講後，就很欣賞你的人生態度。老師是個具有超級熱情且熱愛公益的人，這點也讓我學到很多。老師你平易近人的態度與行動力，完全顛覆我對作家的印象。」

執筆至此，可以簡單解釋整個故事的架構。就是文秀聽了我的演講，推薦雅然去聽，雅然聽完之後，便推薦 Erica 也去聽。因為我對人感興趣的特質，才與雅然建立朋友關係，也因為有這層關係與連結，雅然才溯源告訴我是文秀開啟這段善緣，才得以讓她和她老闆 Erica 認識我。

二〇一九年五月二十二日，我因為工作出差，必須留宿台中一晚。突然想起雅然在飯店上班，可以請她安排房間。請雅然幫忙，倒不是價格問題，而是一種信任與安心的感覺。當雅然得知我要到她任職的飯店留宿一晚時，她很開心的告訴 Erica 這件事，也讓我有機會和 Erica 與雅然在飯店大廳相見歡也聊了許久。

或許我之前的演講，讓她們感到認同，進而信任我。Erica 竟拿出一個精緻的瓷盤請我簽名。她說，飯店業除了「專業」的本質學能外，最需要的元素就是「熱情」服務。希望我的「熱情驅動世界」可以感染夥伴，一起更好。

近幾年，只要時間允許，再加上飯店有空的房間，我都會入住台中 Hotel 7 福星旅店。這家飯店之於我，是連結人脈、連結美好故事的旅店。我享受人情味所帶來的好服務，也提醒著我，人與人之間的情感是最值得珍惜與珍藏的好故事。

儘管去認識人吧！也儘管去幫助人吧！人生就是在「識人」與「助人」之間讓歲月靜好，安然無憂。

國家圖書館出版品預行編目資料

不是我人脈廣，只是我對人好：從利己到利他，吳家德的人脈學，幫助你一輩子受用無窮/吳家德作.
-- 初版. -- 臺北市：麥田，城邦文化事業股份有限公司出版：英屬蓋曼群島商家庭傳媒股份有限公司城邦分公司發行，2021.06
面；　公分. -- (麥田航區；13)
ISBN 978-626-310-041-1 (平裝)
1. 職場成功法　2. 人際關係
494.35　　110009353

麥田航區13

不是我人脈廣，只是我對人好

從利己到利他，吳家德的人脈學，幫助你一輩子受用無窮

作　　者　吳家德
責任編輯　林秀梅

版　　權　吳玲緯　楊　靜
行　　銷　闕志勳　吳宇軒　余一霞
業　　務　李再星　李振東　陳美燕
副總編輯　林秀梅
編輯總監　劉麗真
事業群總經理　謝至平
發 行 人　何飛鵬
出　　版　麥田出版
台北市南港區昆陽街16號4樓
電話：886-2-25000888　傳真：886-2-25001951
發　　行　英屬蓋曼群島商家庭傳媒股份有限公司城邦分公司
台北市南港區昆陽街16號8樓
客服專線：02-25007718；25007719
24小時傳真專線：02-25001990；25001991
服務時間：週一至週五上午09:30-12:00；下午13:30-17:00
劃撥帳號：19863813　戶名：書虫股份有限公司
讀者服務信箱：service@readingclub.com.tw
城邦網址：http://www.cite.com.tw
麥田部落格：http://ryefield.pixnet.net/blog
麥田出版Facebook：https://www.facebook.com/RyeField.Cite/
香港發行所　城邦（香港）出版集團有限公司
香港九龍九龍城土瓜灣道86號順聯工業大廈6樓A室
電話：852-25086231　傳真：852-25789337
電子信箱：hkcite@biznetvigator.com
馬新發行所　城邦（馬新）出版集團
Cite（M）Sdn. Bhd.（458372U）
41, Jalan Radin Anum, Bandar Baru Seri Petaling,
57000 Kuala Lumpur, Malaysia.
電話：+6(03)-90563833　傳真：+6(03)-90576622
電子信箱：services@cite.my

設　　計　萬亞雰
印　　刷　沐春行銷創意有限公司

初版一刷　2021年7月29日
初版十五刷　2024年5月28日
售價／360元
ISBN 978-626-310-041-1
ISBN 9786263100510（EPUB）

城邦讀書花園
www.cite.com.tw